C·H·Beck
PAPERBACK

Michael Lüders

Hybris am Hindukusch

Wie der Westen in Afghanistan scheiterte

C.H.Beck

Für meinen Sohn Marlon
Das Sichtbare ist nur die Oberfläche

www.chbeck.de
Umschlaggestaltung: geviert.com, Christian Otto
Umschlagabbildung: US-Soldaten der 25. Infanterie-Division im Sandsturm in Kushamond, Afghanistan, im Juli 2009 © U.S. Army
Satz: C.H.Beck.Media.Solutions, Nördlingen
Druck und Bindung: Pustet, Regensburg
Gedruckt auf säurefreiem und alterungsbeständigem Papier
(hergestellt aus chlorfrei gebleichtem Zellstoff)
Printed in Germany
ISBN 978 3 406 78490 3

myclimate

klimaneutral produziert
www.chbeck.de/nachhaltig

«Wir haben die Taliban vernichtet.»

George W. Bush, US-Präsident, Mai 2003

«Was die Zukunft der Vereinigten Staaten in Afghanistan anbelangt, so wird sie Feuer sein und Hölle, sie erwartet eine vernichtende Niederlage. Nicht anders, so Gott will, wie es vor ihnen den Sowjets und den Briten ergangen ist.»

Mullah Mohammed Omar, Begründer der Taliban

«Eine siegreiche Armee erzielt ihre Siege, bevor sie in die Schlacht zieht. Nur eine Armee, der die Niederlage bestimmt ist, kämpft in der Hoffnung auf einen Sieg.»

Sunzi, chinesischer General, Militärstratege und Philosoph, 6. Jh. vor Christus

«Realitätsverleugnung, die Quelle der Selbsttäuschung, spielt eine bemerkenswert große Rolle auf Regierungsebene. Wunschdenken führt dazu, die Faktenlage zu übersehen.»

Barbara Tuchman, Historikerin

Inhalt

Vorwort

Auf einmal waren sie da. An einem strahlend schönen Sonntag im Hochsommer, dem 15. August 2021, zogen die Taliban in den Präsidentenpalast von Kabul ein. Kampflos, als stünde ihnen der Sieg verdientermaßen zu, nach 20 Jahren Krieg gegen die USA und ihre Verbündeten, darunter Deutschland. Es war der längste Krieg, den Washington je geführt hat, länger noch als der Vietnam-Krieg. Gleichzeitig war es der längste Krieg auch der NATO, der erste zudem fernab der eigenen Landesgrenzen, fernab der Weiten zumal des «Nordatlantiks», den das Bündnis bereits im Namen trägt. Angefangen hatte er als Vergeltung für die Terroranschläge des 11. September 2001, allen voran in New York. Obwohl kein einziger der Attentäter aus Afghanistan stammte, erschien das Land am Hindukusch als das ideale Angriffsziel. Dort waren die Taliban an der Macht, weltweit geächtete Glaubenskämpfer, die Osama bin Laden Zuflucht gewährten. Das wirtschaftlich und politisch eng mit den USA verflochtene Saudi-Arabien anzugreifen, von wo 15 der 19 Attentäter stammten, oder gar Hamburg zu bombardieren, wo die Terrorzelle um Mohammed Atta die Anschläge vorbereitet hatte, wurde nicht ernsthaft erwogen. Es wäre auch die schlechtere Wahl gewesen. Nicht notwendigerweise aus Sicht der Afghanen, wohl aber aus der Washingtons (und einiger anderer).

In der Tat gelang es bereits wenige Wochen nach 9/11, die Taliban in Kabul zu stürzen. Doch 20 Jahre später erfolgte ihr fulminantes Comeback, marschierten sie erneut und ohne nennenswerten Widerstand in die Hauptstadt ein. Was für ein unerhörter Vorgang: Guerilleros in Sandalen hatten die Weltmacht und ihre Juniorpartner besiegt. Parallelen zur amerikanischen Niederlage in Vietnam drängten sich auf. In den westlichen Hauptstädten, in den Reihen der NATO, in den Medien herrschte großes Erstaunen: Wie konnte das geschehen? Wo kamen die auf einmal alle her? In Wirklichkeit aber war der Siegeszug der Taliban alles andere als eine Überraschung. Seit 2005 spätestens erschien eine Niederlage des Westens am Hindukusch sehr viel wahrscheinlicher als ein Sieg. Dieses Buch erzählt davon. Doch sahen Politiker wie auch Militärs wenig Anlass zu einer Kurskorrektur.

Der Westen ist in Afghanistan gescheitert wie vor ihm das britische Empire und die Sowjetunion. Der von Washington und seitens der NATO bis zuletzt verfolgte Plan, mit Hilfe einer Marionettenregierung in Kabul und westlich ausgebildeten Sicherheitskräften für Ruhe und Ordnung zu sorgen, konnte nicht aufgehen. Warum nicht, wird im Folgenden erklärt.

Auf das große Erstaunen folgte hektischer Aktionismus. Unvergessen die teils erschütternden Fernsehbilder ausreisewilliger oder flüchtender Afghanen, die vor dem Abzug der letzten westlichen Truppen zu Tausenden den Flughafen von Kabul zu erreichen suchten. In der Hoffnung, an Bord von Militärmaschinen, auch der Bundeswehr, irgendwie ins Ausland zu gelangen. Nach diesem globalen Medienereignis herrschte noch für einige Zeit Betroffenheit: Wie den zurückgelassenen Ortskräften helfen? Wie den Afghaninnen, die ein weiteres Mal einer ungewissen Zukunft entgegensehen?

Dann aber trat das Thema Afghanistan merklich in den Hintergrund, wurde es in Deutschland verdrängt von dem

Bundestagswahlkampf, Corona, Regierungsbildung, Nabelschau, dem vertrauten Einerlei. Der verlorene Krieg wurde ad acta gelegt, obwohl er unbedingt der Aufarbeitung bedürfte. Zwar hat die Ampel-Regierung in ihrem Koalitionsvertrag angekündigt, den Afghanistan-Einsatz umfassend aufzuarbeiten – ob solchen Ankündigungen auch nennenswerte Taten folgen, ist jedoch fraglich. Allein deswegen, weil SPD und Grüne die deutsche Afghanistan-Mission 2001 auf den Weg gebracht haben. Warum sollten sie sich selbst nachträglich in Frage stellen?

Gerade wir Deutschen, so überaus geschichtsbewusst, hätten allen Anlass, uns nicht zuletzt mit einem verdrängten Massaker in Afghanistan zu befassen: «Oberst Klein und das laute Schweigen in Berlin», lautet demgemäß eine Kapitelüberschrift.

Darüber hinaus stellen sich weitere, grundlegende Fragen: Wie sinnvoll sind Auslandseinsätze der NATO? Warum hat Berlin sein Engagement in Afghanistan nicht schon zehn Jahre früher beendet, wie etwa die Niederlande? Wenn NATO-Generalsekretär Jens Stoltenberg nach der Machtübernahme der Taliban zu erkennen gibt, man habe das alles so nicht erwartet – was sagt uns das über die Fähigkeiten des Militärbündnisses? Und was bedeutet eine solche gravierende Fehleinschätzung für den Umgang der NATO mit Russland oder China? Ist die Bereitschaft, das Vermögen und der Wille, die Realität auch dann zur Kenntnis zu nehmen, wenn sie mit den eigenen Wunschbildern nicht übereinstimmt, in anderen Bereichen ausgeprägter? Das Buch geht auf diese und ähnliche Fragen ein.

Vieles liest sich geradezu surreal. Die Rolle Hollywoods etwa. Die Hingabe, mit der die Präsidentschaftswahlen in Afghanistan so lange gefälscht wurden, bis das Ergebnis den maßgeblichen Entscheidern im Westen gefiel. Die Hofierung von Drogenbaronen und Warlords der übelsten

Sorte – engen Partnern auch Berlins. Die unbändige Energie, mit der Washington hinter den Kulissen alle Hebel in Bewegung setzt, um ja nicht für amerikanische Kriegsverbrechen zur Rechenschaft gezogen zu werden. Weder in Afghanistan noch anderswo. Die gewaltige Kluft zwischen der moralischen Selbsterhöhung westlicher Akteure und der Realität ihrer Kriegsführung in Afghanistan, die Zehntausende Zivilisten das Leben gekostet hat – mit Wissen und Billigung der maßgeblichen Dienststellen.

Nicht zuletzt versteht sich das vorliegende Buch als Warnung. Vor dem, was geschieht, wenn der Tunnelblick das Denken ersetzt, wenn das Streben nach Vorherrschaft universelle humanitäre Werte missachtet und missbraucht. Dieser Krieg war in erster Linie ein Verbrechen an der afghanischen Zivilbevölkerung. Auch und vor allem deswegen haben nicht allein wir Deutsche allen Anlass zu Demut und Scham. Leider deutet nichts darauf hin, dass die Niederlage am Hindukusch zu einem Umdenken auf höchster Ebene geführt hätte, dort auch nur nachdenklich stimmen würde. Die nächsten Ziele befinden sich längst im Visier.

Das Mindeste, was wir uns selbst wie auch den Menschen in Afghanistan schuldig sind: Klartext zu reden und staatstragenden Beschönigungen oder Auslassungen nicht zu folgen, sie vielmehr kenntlich zu machen. Als Dienst an der Aufklärung. Nicht allein in Sachen Afghanistan.

Die Russen kommen: Das Britische Empire und sein «Großes Spiel» in Afghanistan

Afghanistans Schicksal ist seine Lage, seine Geografie. Mehr als 2500 Jahre diente das heutige Afghanistan als Durchgangsland für Eroberer aus allen Himmelsrichtungen, die es vor allem auf Macht und Beute im jetzigen Indien abgesehen hatten – angefangen mit Alexander dem Großen. In der Neuzeit wurde Afghanistan zum geostrategischen Spielball erst kolonialer, dann imperialer Interessen, zuletzt im Zuge der sowjetischen Besatzung und des «Krieges gegen den Terror» nach 9/11. Geografie ist der Schlüssel zum Verständnis des Landes – wer diesen Zusammenhang übersieht oder ignoriert, wie zuletzt die Militärplaner in Washington, versteht weder die Geschichte noch die Gegenwart der Region, auch nicht den Siegeszug der Taliban.

In Afghanistan geht das Iranische Hochland über in das Faltengebirge des Himalaja – der Hindukusch ist dessen westlicher Ausläufer. Die wenigen Landverbindungen, Flusstäler und Passstraßen sind Nadelöhre, gleichzeitig aber auch die wichtigsten Handelswege (Seidenstraße) und Invasionsrouten. Seit Alexander dem Großen sind alle Imperatoren auf denselben Wegen gekommen und auch wieder gegangen – meist unter großen Verlusten. Vor allem die Gebirgspässe erwiesen sich oft genug als Todesfallen, wobei sich Eiseskälte und Schnee als nicht weniger tödlich erwiesen denn Kampfhandlungen. Bis zum Ende der Kolonialzeit bestimmten drei rivalisierende Machtzentren das Schicksal Afghanistans: die nach Osten drängenden Perser im Westen, die nach Zentralasien vorstoßenden Inder (nach ihnen die Briten) im Osten und die in alle Richtungen ausgreifenden nomadischen Steppenkrieger im Norden (nach ihnen das Zarenreich). Die bei uns bekanntesten dieser Krieger und Heeresführer sind Timur und Dschingis Khan.

Die grandiose landschaftliche Schönheit, die selbst die Schweiz oder Norwegen in den Schatten stellt, ist die eine Seite Afghanistans. Die Kehrseite sind die Unzugänglichkeit weiter Teile des Landes, ihre extreme Abgeschiedenheit und vielfach Rückständigkeit, vor allem aber die überaus harten Lebensbedingungen der Bevölkerung in den Bergregionen, die oft genug über Subsistenzwirtschaft bis heute nicht hinausweisen. Wer etwa von Jalalabad aus Richtung Norden fährt, findet sich bald wieder in einer Welt, die sich seit der Zeit des Propheten Mohammed kaum verändert haben dürfte. Es gibt weder Strom noch fließend Wasser, nicht aus dem Wasserhahn jedenfalls, die Männer beackern das karge Land, meist mit bloßer Muskelkraft. Die Frauen hüten die schlichten Lehmhütten unscheinbarer Weiler und sind weitgehend unsichtbar, sie kümmern sich um das Essen und die Kinder. Die Straße ist gerade noch als staubige Piste zu erkennen, wenige Fahrzeuge verirren sich hierher. Es gibt weder Schulen noch ärztliche Versorgung, jedenfalls nicht unterhalb eines Tagesmarsches. Kaum jemand kann lesen und schreiben.

Aus dieser Geografie folgt zweierlei. Es ist relativ leicht, nach Afghanistan einzumarschieren. Das Land zu beherrschen dagegen erscheint auf Dauer unmöglich. Die Topografie des Landes eignet sich, anders als etwa im Irak oder in Syrien, hervorragend für einen endlosen Guerillakrieg. Wenn es in Afghanistan eines im Überfluss gibt, so sind es von Bergen gut geschützte Rückzugsräume. Gleichzeitig hat die Macht der Zentralregierung nie bis in die Tiefe der Provinzen gereicht. Die Bergwelten Afghanistans verhindern eine starke Zentralmacht ebenso wie fehlende staatliche Ressourcen. Gesellschaftlich wie politisch prägend sind Stämme und ethnische Gruppen, feudalstaatliche Verhältnisse haben sich vielfach bis heute bewahrt. Die Ersten, denen es jemals gelungen ist, das gesamte Land vollständig zu unterwerfen, sind die Taliban. Deren Machtbasis liegt jedoch nicht in Kabul oder den Städten, sondern im Hinterland.

Die Geschichte Afghanistans ist geprägt von dauerhafter Kriegsführung und Gewalt. Nicht allein mit Blick auf äußere Invasoren, auch untereinander bekämpften sich afghanische Akteure, im Wettstreit um Weide und Wasser, Vorherrschaft oder Beute. Einigkeit unter den Afghanen gab es, wie die jüngere Geschichte unterstreicht, vor allem dann, wenn es einer ausländischen Bedrohung entgegenzutreten galt. Diese Erfahrung machten nacheinander die Briten, die Sowjets und zuletzt die USA/NATO.

1747 hielten Vertreter der Abdali-Stammesgruppen unweit von Kandahar, der zweitgrößten Stadt Afghanistans, eine Ratsversammlung, eine *Jirga*, ab. Zu ihrem neuen Anführer wählten sie den gerade einmal 25-jährigen Ahmed Khan, was einigen Unmut hervorrief. Doch ein lokaler Heiliger bescheinigte ihm, die größte Persönlichkeit unter den Anwesenden zu sein, und setzte ihm ein Weizenbündel als Krone auf. Dieses Bündel fand später symbolisch Eingang in die afghanische Nationalflagge. Gleichzeitig ernannte der Heilige den Gekrönten zur «Durr-i-Durran», zur «Perle der Perlen», woraufhin die Abdali ihren Stammesnamen in Durrani änderten. Diese Krönungsszene gilt vielen Afghanen als Geburt des neuzeitlichen Afghanistans, wenngleich dessen heutige Grenzen erst später, Ende des 19. Jahrhunderts, gezogen wurden – maßgeblich von der britischen Kolonialmacht. Bis zum kommunistischen Staatsstreich 1973 und der Abschaffung der Monarchie sollten die Durrani, wenngleich seit 1842 in einer Nebenlinie, die Könige des Landes stellen. Die Durrani gehören zur größten ethnischen Gruppe der Paschtunen. Wie heute die mehrheitlich ebenfalls paschtunischen Taliban sahen auch sie keinen Anlass, Nicht-Paschtunen an der Macht zu beteiligen. Das betraf und betrifft vor allem Tadschiken, Usbeken und Turkmenen im Norden und Westen sowie die schiitischen Hazara im Zentrum, Nachfahren turko-mongolischer Invasoren und die einzigen Nicht-Sunniten in Afghanistan von demografischer Bedeutung. Die Paschtunen sprechen das indogermanische Paschtu, die übrigen Bevölkerungsgruppen überwiegend Dari-Persisch, neben ihren jeweiligen Regionalsprachen. Paschtu und Dari sind die beiden Amtssprachen im heutigen Afghanistan.

Ungeachtet der militärischen Erfolge Ahmed Khans, dessen Reich von Mashhad im Iran bis nach Delhi reichte und so auch das gesamte heutige Pakistan umfasste, war die Zeit plündernder Reiterheere abgelaufen. Europa stand am Vorabend der Industriellen Revolution, der Handel zwischen China und Europa verlagerte sich zunehmend auf die Weltmeere, während die jahrhundertelangen Überfälle auf die urbanen Zentren Zentral- und Mittelasiens weite Landstriche verwüstet und zerstört hatten. Auch die Seidenstraße war an Banditen gefallen und verlor ihre wirtschaftliche Bedeutung. Für knapp 100 Jahre war Afghanistan weitgehend sich selbst überlassen, interessierte sich die Weltpolitik nicht für das isolierte Bergland. Doch ihre Kampfbereitschaft und ihr Streben nach Autonomie gaben die afghanischen Stämme auch in dieser «Zwischenzeit» keineswegs auf – eine Folge nicht zuletzt ihrer vielfach noch nomadischen Lebensweise.

Die Briten und ihre East India Company

Bis die Briten aktiv wurden. Nach dem Verlust ihrer nordamerikanischen Kolonien und dem Sieg über Napoleon bei Waterloo 1815 richtete sich das Interesse Londons verstärkt auf Indien, der späteren Kronkolonie und wichtigsten Ressource der werdenden Weltmacht. Anders als frühere Eroberer, die mit Waffengewalt fremde Territorien unterwarfen, war das Geschäftsmodell des britischen Imperiums in Indien ein ganz anderes – dort setzte man auf die wirtschaftliche Durchdringung des Landes, mit brachialen, frühkapitalistischen Methoden, die jeden Konkurrenten vom Markt verdrängten, nötigenfalls unter Einsatz von Kriegsschiffen und Kanonenbooten. Großbritannien war damals die führende Seemacht. Die ersten, die das zu spüren bekamen, waren die Franzosen und die Portugiesen, die ihre Besitzungen in Indien bereits im späten 18. Jahrhundert aufgeben mussten.

Die entscheidenden Wegbereiter der britischen Unterwerfung Indiens waren Kaufleute und Großunternehmer, in Gestalt der Honourable East India Company. Sie interessierten sich vor allem für Rohstoffe, Gewürze und Tee und schafften es mittels einer ebenso durchdachten wie skrupellosen Politik des «teile und herrsche», mit nur wenigen Tausend Briten ein Hundert-Millionen-Volk zu unterwerfen. Insbesondere die Rekrutierung einheimischer militärischer Hilfstruppen, der *Sepoys*, erwies sich als kluger Schachzug. Jahrzehntelang blieb die Ostindien-Gesellschaft die treibende wirtschaftliche und politische Kraft. Britische Soldaten hielten sich im Hintergrund und griffen nur ein falls erforderlich, der Zustimmung Londons gewiss. Zugute kam diesen eng mit der britischen Oberschicht verwobenen Freibeutern, dass das muslimische Mogul-Reich in Delhi politisch in Trümmern lag und die Hindus noch nicht organisiert waren. Die Wirtschaft blieb die treibende Kraft britischer Kolonialpolitik in Indien bis zum landesweiten Aufstand von 1857. Nach dessen Niederschlagung wurden die territorialen Besitzungen der East India Company in die Kronkolonie Britisch-Indien überführt. Das Primat des Handelns verlagerte sich damit auf die Politik und lag nunmehr in Händen des britischen Vizekönigs, genannt *Raj* oder *Viceroy*, mit Sitz in Kalkutta.

Parallel dazu verlief ein weiterer Geschichtsstrang, der schließlich zur militärischen Konfrontation in Afghanistan führte. Im 19. Jahrhundert expandierte das russische Zarenreich in Richtung Kaukasus und Turkestan, eroberte sukzessive die heutigen Staaten Turkmenistan, Kasachstan, Usbekistan, Kirgistan, Tadschikistan (grosso modo die Nachfolgestaaten Turkestans) – ebenso Armenien, Aserbaidschan, Georgien. Sowohl das Osmanische Reich wie auch Großbritannien suchten dieses Vordringen militärisch zu verhindern, doch ohne Erfolg. Auch die russische Defacto-Niederlage im Krimkrieg (1853–1856) änderte nichts am Vorstoß St. Petersburgs bis an den Pazifik und die Grenzen Chinas.

Nüchtern gesehen stand der russische Koloss auf tönernen Füßen. Die russische Armee konnte den schwerfälligen Osmanen Paroli bieten und die Reiterhorden mittelalterlicher Khanate im historischen Großraum Turkestans zerschlagen. Der überlegenen Waffentechnik und der Hochseeflotte der Briten aber hatte sie wenig entgegenzusetzen. Hätte in Whitehall, im Umfeld des britischen Verteidigungsministeriums, und in Westminster, in Parlament und Regierung, ein kühler, analytischer Geist geherrscht, wäre es vermutlich gar nicht erst zum «Great Game» gekommen. Als «Großes Spiel» wird der Wettstreit zwischen Russland und Großbritannien um Macht und Einfluss in Zentralasien bezeichnet, der geopolitisch fast das gesamte 19. Jahrhundert beherrschte. Ausgetragen wurde dieses Spiel vor allem in Afghanistan. Vereinfacht gesagt waren die Briten wie besessen von der Vorstellung, Russland könnte auf den Spuren turko-mongolischer Eroberer via Afghanistan in Britisch-Indien einfallen und London die Vorherrschaft in seiner Kronkolonie streitig machen oder sie zu destabilisieren suchen. Gewiss, russische Truppen standen am Amu Darya, dem Grenzfluss zwischen dem heutigen Tadschikistan und Afghanistan. Doch jeder Schritt darüber hinaus wäre auf eine Überdehnung russischer Kräfte hinausgelaufen, wie später die Sowjetunion erfahren musste. Selbst wenn ein russischer Zar mit dem Gedanken gespielt hätte, die Briten in Indien herauszufordern – militärisch wäre Russland dazu auf keinen Fall in der Lage gewesen. Dazu fehlten die wirtschaftlichen Mittel ebenso wie die politische Notwendigkeit: Das Zarenreich setzte auf die Konsolidierung seiner Macht- und Gebietsansprüche innerhalb der neu geschaffenen Landesgrenzen. Indien gehörte schlichtweg nicht zum eigenen Beuteschema. Russland hat nicht einmal den Versuch unternommen, dort destabilisierend einzugreifen.

Ein Fiasko kündigt sich an

Doch Politik lebt nicht von Rationalität allein. Mit der Folge, dass sich London den Luxus dreier militärisch vollkommen sinnloser Afghanistan-Kriege erlaubte, den ersten von 1839 bis 1842, den zweiten von 1878 bis 1880. Kurz nach Ende des Ersten Weltkrieges, 1919, kam noch ein dritter hinzu. Ausgangspunkt des ersten Krieges war die «gefühlte» Bedrohung der Briten durch Russland in Afghanistan. Konkret: Russischer Lobbyismus in Teheran und die Entsendung eines russischen Emissärs nach Kabul ließen in London die Alarmglocken schrillen – Gefahr in Verzug! Das Empire bedroht! Doch bereits dieser Feldzug gegen einen imaginären Feind, kein einziger russischer Soldat weit und breit, wandelte sich in kürzester Zeit in einen Krieg gegen Afghanistan und die Afghanen selbst. Den allerdings das Empire auf dramatische Weise verlor – die Niederlage von 1842 war die tödlichste und verheerendste, die das koloniale Großbritannien je erleben musste (abgesehen vielleicht vom Verlust der nordamerikanischen Kolonien). Was natürlich nach Rache verlangte und einen zweiten wie auch dritten Afghanistan-Krieg nach sich zog.

Das alles ist Geschichte und doch sehr gegenwärtig. Am Anfang steht die politische Fehleinschätzung. Es folgt die Hybris: Der messianisch anmutende Unfehlbarkeitsglaube einer Großmacht, gepaart mit rücksichtsloser Kriegsführung und einer umfassenden Ignoranz gegenüber Geschichte und Kultur der einheimischen Bevölkerung wie auch den Gegebenheiten im besetzten Land selbst: mit Blick auf die klimatischen Verhältnisse und die Verkehrswege etwa. Sowohl die sowjetischen Besatzer Afghanistans wie auch die Akteure des «Krieges gegen den Terror» hätten ihre jeweiligen Niederlagen vermeiden können, so sie bereit gewesen wären, aus der Vergangenheit zu lernen.

Die britischen Soldaten, die 1839 von Indien aus nach Afghanistan aufbrachen, meldeten sich überwiegend freiwillig zu diesem Glanz und Gloria verheißenden Einsatz im Rahmen der «Großen Armee des Indus» – der größten Kolonialtruppe Großbritanniens aller Zeiten. 22.000 Mann unter Waffen, darunter viele *Sepoys*, des Weiteren 38.000 indische Diener, 30.000 Kamele, Hunderte Jagdhunde, nicht zu vergessen je zwei Kamele pro Regiment, abgestellt allein für den Transport der mitgeführten Zigarren. Später kamen noch nachreisende Familienangehörige hinzu, Frauen und Kinder. Um es kurz zu machen: Überlebt haben die wenigsten, von der letzten Flüchtlingswelle mit 17.000 Menschen nur ein einziger.

Ähnlich wie später die Amerikaner Hamid Karzai und Ashraf Ghani zur Macht in Kabul verhalfen, setzten die Briten einen afghanischen Lakaien auf den Thron, Schah Shuja, dessen politischen und militärischen Rückhalt in der Bevölkerung sie vollkommen überschätzten. Sie errichteten drei große Garnisonen, in Kabul, Kandahar und Jalalabad, die im Winter, bei Schnee und Eis, einander kaum beistehen konnten und daher auf sich selbst angewiesen waren. Auf Entsatz aus Indien konnten sie erst recht nicht hoffen. In Kabul errichteten die Briten ihr militärisches Hauptquartier zwei Kilometer entfernt vom Wohnquartier der vielen Diener und Zivilisten am Rande des Basars. Damit war diese britische Siedlung, «Residency» genannt, ungeschützt – eine dümmere Entscheidung hätten sie kaum treffen können.

Die afghanischen Stämme ließen die Briten zunächst gewähren. Auch deswegen, weil der britische Oberbefehlshaber, William Macnaghten, das tat, was auch die Amerikaner und die NATO nach ihm taten: Er zahlte Wegegeld für die Gebiete, die seine Soldaten durchquerten, und kaufte die Loyalität der maßgeblichen Stammesführer. Doch 1840 verschärfte sich die Lage. Es kam zu ersten Aufständen gegen die Besatzer, die Überfälle auf britische Konvois häuften sich. Die Sikhs, erprobte Kämpfer und bis dato loyale Untertanen der Briten in Westindien, wechselten die Seiten und griffen ihre ehemaligen Herren entlang der Khyber-Route an, der strategisch wichtigsten Passstraße von und nach Indien, bis sie später erneut *Sepoys* stellten. Dergleichen Seitenwechsel ziehen sich bis heute wie ein roter Faden durch die Geschichte der Kriegsführung in und um Afghanistan.

Doch das britische Fiasko war weitgehend selbstverschuldet und hat zwei maßgebliche Ursachen. Zum einen reagierten die Briten auf den wachsenden afghanischen Widerstand mit Vergeltungsaktionen, die hunderte, wenn nicht tausende Zivilisten das Leben kosteten. Die überlebenden Dorfbewohner schlossen sich anschließend dem Widerstand an – nicht anders als später gegenüber den Sowjets und der NATO. Zum anderen reduzierten die Briten ihre Zahlungen an die Stammesführer oder stellten sie ganz ein. Nicht nur das, ein Teil der Soldaten wurde aus finanziellen Erwägungen ebenfalls abgezogen. Macnaghten zeigte sich entsetzt, doch die Kaufleute der East India Company im fernen Kalkutta blieben bei ihrer Entscheidung, Kosten einzusparen. Gleichzeitig trieb die Präsenz so vieler Ausländer insbesondere in Kabul die Lebensmittelpreise in die Höhe, was Hungersnöte zur Folge hatte.

Im Oktober 1841 hatten die Briten die Kontrolle über die letzten Gebirgspässe in Richtung Osten verloren. Weder konnten sie ohne weiteres den Rückzug antreten noch auf Verstärkung hoffen – schon gar nicht im nahenden Winter. Im November griffen Aufständische die Residency an und richteten ein Blutbad an. Macnaghten unterschrieb seine Kapitulationsurkunde. Die Briten sagten zu, Afghanistan zu verlassen, wenngleich «die britische Regierung mit der Truppenentsendung in dieses Land nie ein anderes Ziel verfolgt hatte, als die Integrität, das Glück und den Wohlstand der Afghanen zu mehren». Heute würde man wohl sagen, um ihnen Freiheit, Demokratie und Frauenrechte zu gewähren. Leider hielten sich nicht alle afghanischen Stämme an den Vertrag und verhinderten somit den vereinbarten freien Abzug. Das Bedürfnis nach Rache und Beute wog offenbar schwerer. Und somit wurde der britische Truppenabzug aus Kabul und Kandahar im Januar 1842 zu einem Todesmarsch, ähnlich dem Rückzug der Truppen

Napoleons aus Russland 30 Jahre zuvor. Hunger und Kälte, Kugeln aus dem Hinterhalt, Schwerter und Dolche im Nahkampf rafften Zivilisten und Soldaten dahin, insgesamt 17.000 Männer und Frauen, nur ein einziger Soldat schaffte es bis zur Garnison in Jalalabad, mehr tot als lebendig, und erstattete Meldung. Die britische Armee war untergegangen.

Der zweite Britisch-Afghanische Krieg (1878–1880) verhalte sich zum ersten wie ein Western mit John Wayne zum filmischen Südstaaten-Epos *Gone With the Wind*, befand der US-Militärhistoriker Stephen Tanner ebenso treffend wie sarkastisch. Beim ersten Krieg spielten vermeintliche soldatische Tugenden wie Ehre und Patriotismus mindestens eine ebenso große Rolle wie Naivität, auf Seiten der Briten. Ganz großes Gefühlskino also. Beim zweiten dagegen ging es vor allem um Rache, um die Niederschlagung potentieller Unruhestifter und Aufstandsbekämpfung. Die Weltmacht Großbritannien glaubte ihren in Afghanistan befleckten Ruf wiederherstellen zu müssen – im Geist des filmisch unbesiegten John Wayne. Oder auch im Geiste dessen, was die Amerikaner in Afghanistan in den letzten Kriegsjahren vor ihrer Niederlage als *containment* bezeichneten, als Eindämmung.

In der Zwischenzeit, in den Jahren seit 1842, hatten die Briten das gesamte heutige Pakistan erobert und ihrer Kronkolonie Indien einverleibt. Sie standen damit vor den Toren Afghanistans. Erneut diente die Sorge vor einem herbeifantasierten russischen Angriff auf Indien als Kriegsgrund. Nachdem der afghanische König Sher Ali eine russische Delegation in Kabul empfangen hatte, sich aber gleichzeitig weigerte, eine britische vorzulassen, rückte eine 15.000 Mann starke britische Armee von Peshawar aus auf den Khyber-Pass vor. Aufgrund ihrer verbesserten Waffentechnik, Büchsen mit größerer Reichweite und zielgenauen Kanonen, gelangte sie, ungeachtet aller Kämpfe und Scharmützel, zügig nach Kabul. Den König setzten die Briten ab und verfolgten von dort, ebenso wie von Jalalabad und Kandahar aus, eine Kriegsstrategie der verbrannten Erde. Damit provozierten sie einen religiös aufgeladenen Widerstand, einen Dschihad, der die Besatzer letztendlich zum Abzug zwang. Doch überstieg die Zahl der afghanischen Toten dieses Mal die Zahl der getöteten Briten um ein Vielfaches, was in London wie auch Kalkutta als «Sieg» gefeiert wurde. Der britische Oberbefehlshaber setzte einen neuen König ein, Abdurrahman, der eine afghanische Balance zwischen Großbritannien und Russland anstrebte.

Teile und herrsche: Die Durand-Linie

Machtpolitik kann verinnerlichte Feindbilder oder solche, die der Öffentlichkeit entsprechend vermittelt werden, im Zweifel an- wie auch vorübergehend wieder ausschalten, je nach Bedarf und Interessenslage. Das belegt auch die Art und Weise, wie die Grenzen zwischen Afghanistan und dem Zarenreich einerseits sowie jene zwischen Iran und Afghanistan andererseits bestimmt wurden: ausgehandelt im Gespräch britischer Unterhändler mit dem ewigen Widersacher Russland, bei Zigarre und Cognac – so geschehen 1885 unweit von Merv im heutigen Turkmenistan. Selbstverständlich ohne Einbeziehung irgendwelcher Einheimischer.

Die wichtigste und längste Grenze aber, die zwischen Afghanistan und Britisch-Indien im Osten, heute Pakistan, legten die Briten im Alleingang fest. Der Kolonialbeamte Henry Mortimer Durand, später geadelt für sein verdienstvolles Wirken, zog die nach ihm benannte Durand-Linie 1893 ohne Rücksicht auf lokale und regionale Gegebenheiten quer durch die paschtunischen Stammesgebiete: teile und herrsche. Auch die Provinz Belutschistan im Süden wurde durch diese willkürliche Grenzziehung geteilt, doch verläuft sie dort weitgehend durch Wüste und trennt somit keine historisch gewachsenen Siedlungsräume wie im Norden. Diese Grenze, von britischer Seite als «Demarkationslinie» bezeichnet, wirkt bis heute destabilisierend, vor allem für Pakistan, und wird sowohl in Kabul wie auch in Islamabad zwar de facto, aber nicht de jure anerkannt. König Abdurrahman wurde gleichwohl «im gegenseitigen Einvernehmen» gezwungen, sie für gut zu befinden. Durand hatte auch die Idee, den «Wakhan-Korridor» einzurichten – eine schmale Landzunge im Nordosten, die sich zwischen Tadschikistan und Pakistan schiebt und an ihrer Spitze China berührt, auf einer Länge von 40 Kilometern. Damit sollte eine gemeinsame Landgrenze zwischen Russland und Britisch-Indien verhindert werden.

Diese willkürliche Grenzziehung suchte insbesondere die Paschtunen politisch zu spalten und zu schwächen, die Bevölkerungsmehrheit Afghanistans. Sie leben vor allem im Osten und Süden Afghanistans, mit bedeutenden Minderheiten im Norden. In Pakistan siedeln sie folglich im Westen, dort insbesondere in zwei Provinzen: Khyber Pakhtunkhwa (Khyber-Paschtunenregion) – eine weitgehend autonome Region im Nordwesten. Dieser Name ersetzte 2010 die alte koloniale Bezeichnung North West Frontier Province. Ihre Hauptstadt ist Peshawar. Und Belutschistan mit der Hauptstadt Quetta im Südwesten. Quetta wurde nach 2001 zum Sitz der Taliban-Führung im Exil, nach deren Sturz in Kabul.

Die Durand-Linie hatte zunächst zur Folge, dass hunderte paschtunischer Dörfer ihr Weide- oder Ackerland auf der jeweils anderen Seite der Grenze verloren und die Nomadenstämme ihre Bewegungsfreiheit. Das Ergebnis war eine Revolte, ein Guerillakrieg, den die Briten bis zur Unabhängigkeit Pakistans und Indiens 1947 nicht mehr in den Griff bekamen. Dieser Aufstand der Paschtunen und die Sorge vor einem Vorstoß der Bolschewiken in Richtung Indien führten 1919 zum dritten und letzten Britisch-Afghanischen Krieg. Geostrategisch war er ebenso sinnlos wie die beiden vorangegangen, doch die Bombardierung des Königspalastes in Kabul durch ein Flugzeug der Royal Air Force galt den Briten als symbolischer Sieg. Nach drei Monaten endete dieser kürzeste der drei Kriege mit einem Friedensvertrag, in dem London, geschwächt durch den Ersten Weltkrieg, Afghanistan das Recht einräumte, seine Außenpolitik künftig selbst zu gestalten – bislang lag die in Händen der Briten. Deswegen gilt 1919 als das Jahr der afghanischen Unabhängigkeit.

Da sich die meisten Paschtunen in erster Linie als Paschtunen verstehen und weniger als Afghanen oder Pakistaner, stand wiederholt die Forderung nach einem «Paschtunistan» im Raum. (Die Endsilbe –stan stammt übrigens aus dem Persischen und bedeutet «Land».) Weder in Afghanistan noch in Pakistan hat es je eine umfassende Volkszählung gegeben. Doch stellen die Paschtunen in Afghanistan schätzungsweise 40 bis 50 Prozent der heute mutmaßlich 38 Millionen Einwohner, auf jeden Fall die größte Ethnie. In Pakistan, rund 210 Millionen Einwohner, leben geschätzt 20 bis 25 Millionen Paschtunen, was sie zur zweitstärksten Bevölkerungsgruppe macht. Diese demografischen Realitäten und die Folgewirkungen einer vorsätzlich destruktiven Grenzziehung erklären, warum die mehrheitlich paschtunischen Taliban nach 2001 mühelos ins benachbarte Pakistan flüchten und sich dort neu formieren konnten. Mit dem Ergebnis, dass der Anti-Terror-Krieg zunehmend auch auf pakistanischer Seite geführt wurde, sehr zum Unwillen Islamabads. Westliche Militärstrategen sahen Afghanistan und Pakistan zunehmend als ein zusammenhängendes Einsatzgebiet an, AfPak genannt, und bestärkten damit den für Islamabad politisch gefährlichen Gedanken eines «Paschtunistans». Die Drohnenangriffe auf Paschtunengebiete auch in Pakistan destabilisierten zwangsläufig den dortigen, ohnehin schwachen Zentralstaat. Teile des militärischen Establishments revanchierten sich mit der stillschweigenden oder aktiven Unterstützung auch von Al-Qaida. Es ist gewiss kein Zufall, dass Osama bin Laden jahrelang unbehelligt in Abbottabad leben konnte, einer Garnisonsstadt unweit von Islamabad, wo er 2011 von einem US-Kommando aufgespürt und getötet wurde. «Das eben ist der Fluch der bösen Tat, dass sie, fortzeugend, immer Böses muss gebären», mit Friedrich Schiller gesprochen. Das vergiftete Erbe der Durand-Linie jedenfalls entfaltet seine Wirkung noch Generationen später.

Die Grundlagen staatlicher Strukturen Afghanistans schufen die Briten. Um die Lage an der Westgrenze ihrer wichtigsten Kolonie zu stabilisieren, bauten sie in den 1890ern einen Staats- und Machtapparat in Kabul auf, wesentlich finanziert von der britischen Kolonialregierung Indiens. Mit einem König (Schah) an der Spitze. Seine Aufgabe war es, britische Vorgaben umzusetzen. An erster Stelle galt es eine Nationalarmee aufzubauen und das staatliche Machtmonopol gegenüber den Stämmen durchzusetzen. Desgleichen wurde ein islamisches Justizwesen eingeführt, eine Geheimpolizei zur Kontrolle oppositioneller Strömungen sowie verschiedene Behörden und Institutionen mit dem Ziel, die Beziehungen zwischen dem neuen Zentrum und der Peripherie, also zwischen Kabul und den Provinzen, ebenso in geordnete Bahnen zu lenken wie die zu den jeweiligen ethnischen und sonstigen Gruppen. So weit jedenfalls der Anspruch.

Die finanzielle Unterstützung aus Kalkutta endete mit der afghanischen Unabhängigkeit 1919. Bereits in den 1920ern zeichneten sich Konfliktlinien ab, die Afghanistan bis heute prägen. Auf der einen Seite gab es vorsichtige wie auch offensive Versuche in Richtung Modernisierung und Verwestlichung seitens einer dünnen Oberschicht in Kabul. Auf der anderen Seite wachsende Widerstände islamischer, ethnischer und tribaler Gruppen gegen Entscheidungen aus der fernen Hauptstadt, die als Bedrohung eigener Traditionen und Lebensformen angesehen wurden. In der Tat prallten da Welten aufeinander, die kaum miteinander zu versöhnen waren, wie das Schicksal von König Amanullah unterstreicht.

Der modernisierungsfreudige Monarch ging 1927 auf Welttournee, besuchte Kalkutta, Kairo, Istanbul, London, Paris, Berlin, Moskau und andere Städte. Die europäische Öffentlichkeit zeigte sich fasziniert von diesem Exoten aus dem Orient und mehr noch von dessen ausnehmend schöner Frau, Königin Soraya, die damals die Boulevardpresse ebenso begeisterte wie ihre Namensvetterin eine Generation später, die Gemahlin des persischen Schahs. Das Königspaar eilte von einem Festbankett zum nächsten Staatsempfang, die Königin stets unverschleiert, einmal sogar mit unbedeckten Schultern. In Afghanistan wurde es Frauen allerdings erst 1959 erlaubt, sich in der Öffentlichkeit ohne Kopftuch zu zeigen. Amanullah kehrte mit einem Rolls-Royce nach Afghanistan zurück und suchte, beeindruckt von den Reformen Atatürks in der Türkei, sein Modernisierungsprogramm zu forcieren. Bei der nächsten *Loya Jirga* (Große Ratsversammlung) verlangte er von den Stammesführern, dass sie ihre Bärte abschneiden und ihre traditionelle Kopfbedeckung ablegen. Außerdem kündigte er an, dass Mädchen künftig verpflichtend zur Schule gehen müssten.

Hier das Café, dort die Reiterhorde

Heute würde man wohl von einem verfehlten *top down*-Ansatz sprechen. Reformen, die von oben verordnet werden, ohne vorherige Rücksprache mit den Betroffenen, laufen meist ins Leere. So fortschrittlich der Einsatz Amanullahs für Mädchen und Frauen auch gewesen sein mag – mit dieser *ordre de mufti* stellte er die Machtfrage, suchte er jahrhundertealte Strukturen zwangsweise aufzubrechen. Gleichzeitig entstanden in den 1920ern monumentale Regierungsgebäude, wurden Paläste und Villen gebaut, ein Theater eröffnet, ebenso ein Café im Wiener Stil, fuhren die ersten Straßenbahnen in Kabul. In der Summe eine große Leistung, aber auch eine ungeheure Provokation, mit Blick auf die Lebenswirklichkeit der allermeisten Afghanen. Die Antwort kam in Gestalt eines ungewöhnlichen Aufstandes, angeführt von einer Art Räuberhauptmann, der mit mehreren tausend tadschikischen Stammeskämpfern in Kabul einrückte und die Macht an sich riss. Im Januar 1929 musste Amanullah Hals über Kopf am Steuer seines Rolls-Royce aus Kabul flüchten, dicht gefolgt von einer Reiterhorde. Er schaffte es ins Ausland und lebte bis zu seinem Tod 1960 zunächst in Italien, dann in der Schweiz im Exil.

Die Briten beendeten den Spuk und setzten einen neuen König auf den Thron, Nadir Schah. Der führte den Modernisierungsschub fort, baute Dämme und leitete den Bau der strategisch wichtigen Ringstraße ein. 1933 wurde er ermordet, sein 19-jähriger Sohn Zahir Schah folgte ihm nach und blieb bis zu seinem Sturz 1973 im Amt – im verklärenden Rückblick vieler westlich gesinnter Afghanen die beste

Zeit, die das Land erleben durfte. Auch er begab sich anschließend ins italienische Exil und wurde, hochbetagt, nach 2001 politisch noch einmal zum Leben erweckt, als zusätzliche Legitimation der neuen, von Washington eingesetzten afghanischen Regierung unter Hamid Karzai.

Das ganze 20. Jahrhundert hindurch verlief die Entwicklung Afghanistans zweigeteilt. Das Zentrum in Kabul und die afghanische Peripherie waren und blieben zwei getrennte Welten. Wenig hatten und haben das Leben in der Hauptstadt und das in der Provinz miteinander gemein. Die urbane Machtelite und der von ihr beherrschte Staatsapparat haben kaum soziale Gerechtigkeit angestrebt, ebenso wenig auf die Entwicklung des Landes durch Bildung und die Schaffung einer tragfähigen Infrastruktur gesetzt. Transferzahlungen in die Provinzen erfolgten in der Regel mit dem Ziel, die Loyalität der maßgeblichen politischen Kräfte zu kaufen oder zu erhalten. Steuereinnahmen blieben ebenso wie Gewinne aus wirtschaftlichem Wachstum mehrheitlich in Händen einer kleinen Ober- und langsam wachsenden Mittelschicht, überwiegend in Kabul. Das dramatische Stadt-Land-Gefälle beförderte später das Aufkommen regionaler Kriegsherren und ihrer Schattenreiche, der berüchtigten Warlords, deren Blütezeit unmittelbar nach dem sowjetischen Einmarsch 1979 begann. Sie stießen in jenes Machtvakuum vor, das der Zentralstaat nie zu füllen verstand.

Im vorigen Jahrhundert lag die Alphabetisierungsquote in Afghanistan konstant bei lediglich fünf Prozent. Die Geografie beförderte Armut und Isolation, bewahrte traditionelle und teils erzkonservative gesellschaftliche Strukturen. In weiten Teilen des Landes gab es bis vor kurzem weder Telefon noch Radio noch Fernsehen. Formal mochte Afghanistans Monarchie eine Demokratie mit Verfassung, freien Wahlen und Gewaltenteilung gewesen sein. Tatsächlich aber lag die Macht in Kabul immer in Händen zahlenmäßig kleiner Eliten, deren Einfluss nur unwesentlich über die Hauptstadt hinausreichte. Unter solchen Bedingungen konnten eine nationale Identität und ein funktionierendes Staatswesen kaum entstehen. Die Legitimität afghanischer Regierungen blieb daher stets eingeschränkt und fragil.

Stattdessen behielten ethnische, religiöse, sprachliche, regionale und andere Identitäten die Oberhand, fernab staatlicher Autoritäten. Der norwegische Ethnologe Fredrik Barth hat in den 1960ern die soziale Organisation der Paschtunen und deren Wertesysteme untersucht. An oberster Stelle stehen Begriffe wie Ehre, Gastfreundschaft, Glaubwürdigkeit, Verteidigungsbereitschaft. Aber auch Clanverbundenheit, Asylgewährung und der Ausgleich erlittenen Unrechts, nötigenfalls in Gestalt von Blutrache. Die Religion setzt ebenso kollektive Maßstäbe wie egalitäre Entscheidungsprozesse, bei denen die moralische Autorität der Altvorderen eine wichtige Rolle spielt. Ebenso die Zugehörigkeit zu einflussreichen und angesehenen Stammesverbänden, die über Macht und Einfluss verfügen, oft über Generationen hinweg. In der Summe ergibt sich daraus das «Paschtunwali», der paschtunische Ehrenkodex.

Ein Putsch und seine Folgen

Barth hob hervor, dass männliche Autonomie und Freiheitsstreben die gemeinschaftliche Identität maßgeblich prägen. Mütter und Schwestern gelten als Ausweis der Familienehre. Wird ihr Ruf befleckt, verliert der Mann Ansehen und Einfluss. Frauen dienen als moralische Instanzen, die ihre Männer zu vorbildlichem Verhalten und Mut ertüchtigen. Scheidungen kommen ebenso wie «Ehrenmorde» selten vor. Seit Barths Untersuchungen ist viel Zeit vergangen, die

Brutalität von mehr als 40 Jahren Krieg hat traditionelle Strukturen vielfach zerstört, unter den Paschtunen wie auch den übrigen ethnischen und sonstigen Gruppen mit ähnlichen Wertvorstellungen. Dennoch wären ohne sie, ohne die Solidarität innerhalb der jeweiligen *peer group*, wahrscheinlich noch mehr Flüchtlinge und Entwurzelte vom Krieg überrollt worden.

Entsprechend fanden die häufigen Machtkämpfe in Kabul wie auf einem anderen Stern statt, fernab der Sorgen und Nöte von 95 Prozent der Bevölkerung. Der erstaunliche Siegeszug der kommunistischen Partei in Afghanistan ist ebenfalls vor diesem Hintergrund zu sehen: ein Elitenprojekt, ohne Rückhalt in der Fläche. Unter Verweis auf Korruption und Selbstbereicherung des Königshauses putschte sich 1973 Mohammed Daoud unblutig an die Macht, ein Cousin von König Zahir Schah, und schaffte die Monarchie ab. Von 1953 bis 1963 hatte Daoud noch als dessen Premierminister gedient. Afghanistan war damals schon abhängig von ausländischer Wirtschaftshilfe und erhielt sie vor allem aus Moskau. Auch militärisch gab es seit den 1950er Jahren eine enge Zusammenarbeit mit der Sowjetunion – den USA dagegen erschien Afghanistan offenbar strategisch zu unbedeutend. Sie setzten stattdessen auf den Schah von Persien, der mit Hilfe eines von Washington und London unterstützten Staatsstreiches 1953 an die Macht gelangt war. Zahlreiche afghanische Militärs, darunter auch Daoud selbst, erhielten ihre Offiziersausbildung in der Sowjetunion. Fast alle höheren Ränge in der afghanischen Armee, den Sicherheitskräften allgemein, waren mit sowjetisch geschulten Kadern besetzt. 1956 beschloss die Moskauer Führung unter Nikita Chruschtschow, Afghanistan zu einem Schwerpunktland sowjetischer Wirtschafts- und Militärhilfe zu machen – als Gegengewicht zu den US-amerikanischen Verbündeten Türkei, Irak und vor allem Iran.

Es ist nicht ohne Ironie, dass Sowjets und Amerikaner ihre Hilfsprojekte für Afghanistan miteinander koordinieren mussten, vor allem im Straßenbau. Andernfalls hätten sie möglicherweise aneinander «vorbeigebaut». So stellten die Sowjets in den 1960ern den nördlichen Teil der Ringstraße fertig, einschließlich der Tunnelbauten auf Höhe des Salang-Passes, nördlich von Kabul, dessen strategische Bedeutung Moskau nur zu gut erkannte – später rollten über diesen Pass sowjetische Panzer. Die Amerikaner wiederum stellten den südlichen Teil fertig.

Daoud, Präsident und Premierminister, stützte seine Macht auf die Demokratische Volkspartei Afghanistans. Sie war 1965 im Untergrund entstanden und weitgehend auf einer Linie mit der KPdSU. Die neue Regierung verabschiedete zahlreiche soziale und politische Reformen, die im Rahmen einer neuen Verfassung vor allem die Rechte von Frauen stärkten. Tatsächlich besaßen afghanische Frauen – Frauen in Kabul, besser gesagt – zu keinem Zeitpunkt in der Geschichte des Landes mehr Freiheiten und soziale Aufstiegsmöglichkeiten als während der Herrschaft der Kommunisten, die 1992 endete. Doch Daouds Reformen scheiterten aus ähnlichen Gründen wie jene von König Amanullah in den 1920ern: Sie wurden von oben dekretiert und teils gewaltsam forciert, was nahezu zwangsläufig den Widerstand der Stämme provozieren musste.

Gleichzeitig verschlechterte sich die Wirtschaftslage, darüber hinaus kam es zu blutigen Grabenkämpfen innerhalb der Demokratischen Volkspartei. Angefangen mit dem Sturz Daouds, der im April 1978 im Rahmen eines innerparteilichen Putsches mitsamt seiner Familie liquidiert wurde. Seine vorsichtige Distanzierung von Moskau und Öffnung zum Westen mochten ihm zum Verhängnis geworden sein. Dieser Sturz wurde zu einer Zäsur – er führte zum endgültigen Bruch zwischen regionalen und lokalen Eliten einerseits und dem Zentralstaat andererseits. Das prekäre Gleichgewicht zwischen Hauptstadt und Peripherie, das über Jahrzehnte mehr schlecht als recht aufrechterhalten worden war, hörte auf zu bestehen. Damit wurde der Weg in Richtung Bürgerkrieg und ausländischer Intervention beschritten. Von nun an bestimmten Hardliner den Kurs der Kommunisten, die sich nach außen hin zur Unabhängigkeit von Moskau bekannten (und dennoch einen Freundschaftsvertrag mit der Sowjetunion schlossen). In ihrer Regierungsführung beriefen sie sich gleichermaßen auf den Islam wie auf soziale Gerechtigkeit. Die Machtbasis der Volkspartei war allerdings nur hauchdünn und beschränkte sich weitgehend auf die Führungsebene der Armee, Teile der Verwaltung, linke Studenten und Intellektuelle in Kabul. Ihre Anführer begingen erneut den Fehler, weitreichende Entscheidungen von oben durchsetzen zu wollen, darunter eine Landreform, die Entmachtung religiöser Würdenträger und die säkulare Neuordnung des Bildungswesens.

Moskau trifft eine fatale Entscheidung

In der Summe erwiesen sich diese Ankündigungen als eine offene Kriegserklärung an die traditionellen Stammeseliten. Entsprechend fiel die Antwort aus: Landesweit kam es 1978 zu ersten Aufständen religiös motivierter Kämpfer, der Mudschahedin. Die Volkspartei reagierte mit Massenverhaftungen und Hinrichtungen, denen Abertausende zum Opfer fielen. Die zahlreichen sowjetischen Berater in den Provinzen gerieten ins Visier der Glaubenskrieger – viele wurden geköpft, ihre Köpfe auf Lanzen gespießt und zur Schau gestellt. Zu Tausenden desertierten einfache Soldaten aus der afghanischen Armee. Als wäre die Lage nicht schlimm genug, nahmen die innerparteilichen Säuberungen und Machtkämpfe wahrhaft stalinistische Ausmaße an, kaum ein Parteikader konnte sich seines Lebens noch sicher sein.

In dieser Zeit, der zweiten Jahreshälfte 1978, dürfte in Moskau die fatale Entscheidung getroffen worden sein, das Regime in Kabul aus geostrategischen Erwägungen zu unterstützen und den Aufstand der Stämme niederzuschlagen. Doch ungeachtet der Entsendung weiterer Militärberater im Jahr darauf verschärfte sich die Sicherheitslage dramatisch. Mittlerweile hatten die Mudschahedin dank amerikanischer Unterstützung erste Teile des Landes unter ihre Kontrolle gebracht. Ungeachtet oder gerade wegen der zunehmend brutalen Kriegsführung des Regimes, das verstärkt auf Luftangriffe und Panzervorstöße setzte – ohne Rücksicht auf Verluste in der Zivilbevölkerung.

Am 12. Dezember 1979 traf sich der 72-jährige, greisenhaft wirkende Staats- und Parteichef der Sowjetunion, Leonid Breschnew, mit einer kleinen Gruppe von Beratern im Kreml. Entgegen aller Warnungen aus den Reihen der Generalität beschloss die sowjetische Führung an jenem Tag, in Afghanistan einzumarschieren. Wahrscheinlich glaubte sie, mit Hilfe von Panzerverbänden kurzen Prozess machen zu können, ähnlich wie in Ungarn 1956 oder in der Tschechoslowakei 1968. Stattdessen sollte diese Ignoranz gegenüber den Gegebenheiten in Afghanistan maßgeblich zum Untergang der Sowjetunion beitragen. Einflussreiche Kreise in Washington, allen voran der Nationale Sicherheitsberater Zbigniew Brzezinski, hatten längst erkennt, dass Afghanistan, mit etwas Glück und Geschick, zum Vietnam der Sowjetunion werden könnte.

Der Einmarsch sowjetischer Truppen erfolgte zwei Wochen später, am 24. Dezember. Zuvor hatte Moskau die innerkommunistischen Machtkämpfe in Kabul mit Hilfe des KGB beendet, bei der Liquidierung unbotmäßiger Kader geholfen und auf diese Weise dafür gesorgt, dass der linientreue Tadschike Babrak Karmal am 27. Dezember zum «Vorsitzenden des Präsidiums des revolutionären Kommandorates» ernannt werden konnte, zum De-Facto-Präsidenten. Nunmehr war der Rahmen gesetzt für eine Tragödie, die Hunderttausende Afghanen das Leben kostete und gleichzeitig die Weichen in der Weltpolitik grundlegend neu stellte.

Die Sowjets kommen: Ein mörderischer Glaubenskrieg am Hindukusch

Neben dem sowjetischen Einmarsch in Afghanistan gab es 1979 noch ein weiteres geostrategisches Erdbeben: die Islamische Revolution im benachbarten Iran. Die Machtübernahme Ajatollah Khomeinis hatte zur Folge, dass die USA ihren neben Israel engsten Verbündeten in der Region verloren. Schah Reza Pahlevi war 1953, wie erwähnt, mit Hilfe eines von Washington und London orchestrierten Putsches an die Macht gelangt. Seine Herrschaft stützte sich wesentlich auf die Geheimdienste und eine dünne Oberschicht. Grassierende Armut jedoch und die anhaltende Repression führten letztendlich zum Volksaufstand, dessen Spiritus Rector Khomeini die ursprünglich keineswegs allein islamistische Ausrichtung festigte und ihr schließlich zur Macht verhalf.

Der Putsch von 1953 hatte sich gegen eine demokratisch gewählte Regierung gerichtet, die allerdings zwei Jahre zuvor die Erdöl-Industrie verstaatlicht hatte. Das ging den überwiegend westlichen Aktionären deutlich zu weit – was, wenn solches Beispiel Schule machte? Die Antwort auf den damaligen Staatsstreich erfolgte eine Generation zeitversetzt, in Gestalt Khomeinis. Anders gesagt: Die Islamische Revolution hat eine Vorgeschichte, deren Anfänge im Jahr 1953 liegen. Erst der Putsch, dann die Revolte. Ohne Schah kein Ajatollah.

Da der Nahe und Mittlere Osten für die Erdölversorgung

der Welt von entscheidender Bedeutung ist und sich die USA als Schutzmacht der ölreichen arabischen Golfstaaten verstehen, sah nicht allein Washington Handlungsbedarf. Aus imperialer Sicht bestand die Gefahr, dass die iranische Revolution vergleichbare Kräfte auch in den konservativklerikalen Golfstaaten freisetzen könnte. Diese Sorge teilten insbesondere die Machthaber in Saudi-Arabien, wo es, ebenfalls 1979, zum Aufstand einer radikalen sunnitischen Sekte in Mekka gekommen war. Den saudischen Sicherheitskräften gelang es nicht, diesen Aufstand im Umfeld der Kaaba, des Allerheiligsten im Islam, niederzuschlagen. Das besorgten schließlich, nach fast zwei Wochen, französische und amerikanische Spezialkräfte. Zwar sind die Iraner Schiiten und die Golfstaaten mehrheitlich sunnitisch (mit Ausnahme Bahreins), auch hatten die Aufständischen nichts mit Khomeini gemein – dennoch, es lag Aufruhr in der Luft. Die Sorge, dass vom Iran aus ein revolutionärer Funke die politischen Pulverfässer in der Region entzünden könnte, wog schwer.

Washingtons Freunde in Saudi-Arabien und Pakistan

Nun wollte es ein glücklicher Zufall, den zahlreiche Akteure hinter den Kulissen herbeizuführen halfen, dass der US-Verbündete Saddam Hussein – damals war er noch nicht in Ungnade gefallen – 1980 den Iran angriff. Mit dem Ziel, die erdölreichen Provinzen südöstlich der irakischen Grenze zu erobern: in der irrigen Annahme, der Iran sei, geschwächt durch die Revolution, militärisch leichte Beute. Stattdessen folgte ein achtjähriger, verlustreicher Krieg mit rund einer Million Toten. Doch dank westlicher, vor allem amerikanischer Waffenlieferungen an beide Seiten war die Gefahr eines Revolutionsexportes erst einmal gebannt.

Parallel kam es zu einer *ménage à trois*, einer offenen Dreierbeziehung, zwischen den USA, Saudi-Arabien und Pakistan mit dem Ziel, ihr jeweiliges Streben nach Dominanz aufeinander abzustimmen und zu koordinieren. Für Washington ging es in erster Linie darum, der Sowjetunion in Afghanistan eine vernichtende Niederlage zu bereiten. Die Saudis wiederum fühlten sich berufen, ihren Führungsanspruch in der islamischen Welt gegenüber Teheran zu unterstreichen, indem sie ihrerseits «islamische Revolutionäre» unterstützten, sicherheitshalber fernab der eigenen Grenzen: afghanische Mudschahedin und arabische Dschihadisten. Letztere waren Freiwillige, von Marokko bis aus den Golfstaaten, die sich dem Kampf gegen die gottlosen Sowjets angeschlossen hatten. Vereinfacht gesagt: die USA hatten einen Plan, die Saudis beteiligten sich großzügig an den Kosten und sorgten für einen steten Zustrom an Kanonenfutter. Mit freundlicher Unterstützung Osama bin Ladens, der in den 1980ern ein «Dienstleistungsbüro» für arabische Gotteskrieger in Peshawar unterhielt. Pakistan schließlich fiel die Rolle des Trittbrettfahrers zu: Der dortige Militärmachthaber Zia ul-Haq empfahl sich Washington als treuer Verbündeter. Peshawar wurde zur Drehscheibe für Waffen, Militante und sehr viel Geld, das zu einem erheblichen Teil in die Taschen pakistanischer Militärs floss.

Aus der geografischen Frontlage ergaben sich noch zwei weitere Vorteile von unschätzbarem Wert. Zum einen erhielt Pakistan dadurch zwangsläufig einen Bedeutungsschub gegenüber dem Erzrivalen Indien. Zum anderen sah die Regierung Reagan keinen Anlass, das Atomwaffenprogramm Islamabads einer kritischen Würdigung zu unterziehen, geschweige denn zu sanktionieren.

Diese Gemengelage enthielt bereits jene Saat, aus der später der Siegeszug der Taliban ebenso hervorgehen sollte wie auch die Terroranschläge in den USA am 11. September

2001. Saudi-Arabien kam dabei eine Schlüsselrolle zu – 15 der 19 Attentäter kamen von dort. Gleichzeitig war die saudische Staatsreligion, der Wahhabismus, eine besonders engstirnige und rückwärtsgewandte Lesart des Islam, längst zum Leitstern der meisten islamisch-fundamentalistischen Bewegungen weltweit geworden. Die ideologischen Unterschiede zwischen dem Wahhabismus und den Taliban, Al-Qaida oder dem Islamischen Staat sind gering. Infolge des saudischen Erdölreichtums konnte diese obskure Lehre (benannt ist sie nach einem Erweckungsprediger aus dem 18. Jahrhundert, der ein politisches Zweckbündnis mit dem Clan der Al-Saud eingegangen war) bis in die hintersten Winkel der islamischen Welt vordringen, Reformbewegungen unterdrücken und auf die Weltpolitik Einfluss nehmen. Die Al-Saud sind die heutigen Machthaber und Namensgeber Saudi-Arabiens, das 1932 unabhängig wurde.

Was Wahhabiten glauben

Ein zentraler Grundsatz der wahhabitischen Glaubenslehre besteht im *takfir*, wörtlich: Jemanden für ungläubig erklären. Gemäß dieser Doktrin gelten Muslime als ungläubig, die durch Wort oder Tat erkennen lassen, dass sie die absolute, uneingeschränkte Autorität des Herrschers, konkret der Al-Saud, infrage stellen. Der wahhabitische Islam untersagt Gebete, die Bezug nehmen auf Heilige oder Verstorbene, untersagt Pilgerfahrten zu Gräbern oder Mausoleen ebenso wie das öffentliche Gedenken an den Geburtstag des Propheten Mohammed und verbietet sogar das Aufstellen von Grabsteinen. Die wahhabitische Lehre verbreitet Konformität und erklärt jede Abweichung zur Blasphemie. Muslime, die dieser Linie nicht folgen, darunter religiöse Mystiker, Schiiten und generell alle Nichtsunniten, haben demzufolge den Tod verdient – von Nichtmuslimen ganz zu schweigen.

Was den wahhabitischen Islam in Saudi-Arabien vom Islamischen Staat und von Al-Qaida unterscheidet, sind im Kern die unterschiedlichen Loyalitäten: In Saudi-Arabien gelten sie dem König, beim Islamischen Staat einem selbsternannten Kalifen, im Falle Al-Qaidas Osama bin Laden bzw. dessen Nachfolger. Islamistische Fanatiker und Dschihadisten aller Couleur betreiben *takfir*: Widersacher oder Gegner werden zu Ungläubigen erklärt und zur Ermordung freigegeben. Der Schoß, aus dem das alles kroch, ist der Wahhabismus, auch wenn Anhänger Al-Qaidas oder des Islamischen Staates das leugnen würden. Sie sehen in der saudischen Dynastie einen Todfeind, weil sie deren Prinzen und Emire für moralisch verkommen halten, für Abtrünnige, die den Islam an den Westen verkauft hätten.

Der Krieg in Afghanistan wurde zum Brandbeschleuniger des gewaltbereiten Dschihadismus in allen Teilen der islamischen Welt, auch von Terroranschlägen im Westen. Aus Sicht Washingtons war die Allianz mit den Saudis, der «Heilige Krieg» gegen die sowjetischen Besatzer, aktiv unterstützt von Pakistan, ein großartiger Deal. Hinter den Kulissen konnten die Amerikaner die Sowjetunion niederringen – ohne eigene Verluste, stattdessen ließen sie andere für sich kämpfen und sterben. Dabei übersahen sie allerdings, dass sie am Hindukusch Geister riefen, die sich in naher Zukunft gegen die USA selbst richten sollten. Die arabischen Glaubenskämpfer, die zu Tausenden nach Afghanistan strömten, insgesamt rund 35.000, waren militärisch kaum von Bedeutung. Doch nach ihrer Rückkehr in die Heimat in den 1990ern gingen sie dort vielfach in den Untergrund, entstanden Terrorgruppen im Geist zunächst Al-Qaidas, später des Islamischen Staates.

Was diesen «arabischen Afghanen» zunächst fehlte, waren Ansprechpartner vor Ort in Pakistan. Häufig blieben sie nach ihrer Ankunft sich selbst überlassen und mussten zusehen, wie sie sich mit Hilfe von Vertrauten Zugang zu afghanischen Kommandeuren verschafften. Einer, der dieses Manko erkannte und nutzte, war Osama bin Laden. Sein «Dienstleistungsbüro», später ergänzt um das «Haus der Prophetengefährten», beide in Peshawar, entwickelte sich schnell zur ersten Adresse und wichtigsten Anlaufstelle der «arabischen Afghanen». 1986 beschloss er, eigene Lager und Stützpunkte in Afghanistan einzurichten und eine eigene Guerillagruppe aufzubauen. Geld hatte er genug, er stammte aus einer reichen saudischen Familie. Zusätzliche finanzielle Unterstützung erhielten er und seine Anhänger aus amerikanischen Quellen, ebenso Waffen und eine rudimentäre militärische Ausbildung. Das US-Generalkonsulat in Peshawar diente in jenen Tagen als logistisches Zentrum, für die CIA ebenso wie für die amerikanischen Militärberater und Ausbilder.

Die «arabischen Afghanen» kamen und gingen, einige blieben nur kurz, andere machten den Dschihad zu ihrer Lebensaufgabe. Osama bin Laden beschloss, ein Verzeichnis der «kämpfenden arabischen Brüder» anzulegen, ein Basisregister, kurz «Die Basis», arabisch Al-Qaida, eine frühe Datenbank des Dschihad, das vor allem den Lebenslauf und die militärischen Kenntnisse der arabischen Freiwilligen erfasste. Das war 1988, als Moskau seine Truppen aus Afghanistan bereits abzuziehen begann. Aber zu dem Zeitpunkt war Osama bin Laden längst entschlossen, den Dschihad in die arabische Welt zu tragen – mit dem Ziel, pro-westliche Regierungen zu stürzen, angefangen in seiner Heimat Saudi-Arabien. Schnell geriet er ins Visier saudischer und amerikanischer Geheimdienste, floh aus Saudi-Arabien über den Sudan zurück nach Afghanistan, von wo er ab Mitte der 1990er, im Windschatten der Taliban, mehrere spektakuläre Anschläge plante, allen voran die in New York und auf das Pentagon in Washington 2001.

Die sowjetische Kriegsführung in Afghanistan war mörderisch und für das Land verheerend. Die Moskauer Generalität erkannte schnell, dass der Krieg mit Panzern und Geländefahrzeugen nicht zu führen, geschweige denn zu gewinnen war – in dem unwegsamen Terrain wurden sie leichte Beute der Mudschahedin. Die Sowjets verlagerten ihre Kriegsführung daraufhin zunehmend in die Luft. Um dem Widerstand die Rückzugsräume zu nehmen, kopierten sie die US-Kriegsführung in Vietnam. Fliegende Festungen bombardierten großflächig ländliche Gebiete, auch mit Napalm. Vor allem aber warfen sie Landminen ab, darunter Antipersonenminen, Schützen mähten aus Kampfhubschraubern Dorfbewohner nieder. Damit verloren die Überlebenden ihre Existenzgrundlage – ihre Felder konnten sie nicht länger bewirtschaften, das Vieh wurde durch die Angriffe ebenfalls dezimiert. Was folgte, lag auf der Hand und war genau so auch gewollt: Geschätzt vier Millionen Afghanen flüchteten nach Pakistan und wurden dort zu einer politischen wie materiellen Last. Aus Sicht Moskaus verstand sich diese vorsätzlich herbeigeführte Fluchtbewegung auch als Antwort auf die pakistanische Rückendeckung für die USA und die Mudschahedin. Rund eine Million Afghanen suchten Zuflucht im Iran. Die amerikanisch-afghanische Historikerin Nancy Hatch Dupree bezeichnet diese Form der Kriegsführung als «Genozid auf Raten». Wie viele Afghanen die sowjetische Besatzung das Leben gekostet hat, weiß niemand. Genannt werden Zahlen von 500.000 bis zwei Millionen.

Stinger-Raketen entscheiden den Krieg

Dennoch, von einem Sieg war der Kreml weit entfernt. Worin auch bestünde der Sieg in einem Krieg wie diesem? Jedenfalls stockten die Sowjets ihre Truppen kontinuierlich auf, Mitte der 1980er erreichte deren Mannschaftsstärke mit 115.000 Soldaten den Höchststand. 15.000 sollten den Einsatz mit ihrem Leben bezahlen. Die finanziellen Kosten des Feldzuges waren dermaßen exorbitant, dass sie die ohnehin angeschlagene sowjetische Volkswirtschaft in die Knie zu zwingen drohten. Zum entscheidenden militärischen *game changer* wurde jedoch die Lieferung US-amerikanischer Stinger-Raketen an die Mudschahedin ab 1986. Zuvor hatte Washington gezögert, diese überaus effektive Waffe fragwürdigen Akteuren zu überlassen – was, wenn sie am Ende Terroristen in die Hände fielen? (Was dann tatsächlich auch geschah.)

Stinger-Raketen sind einfach zu bedienende Boden-Luft-Raketen, die ihr Ziel automatisch erfassen und von der Schulter aus abgefeuert werden können – die ideale Waffe im Guerillakampf. Damit schossen die Mudschahedin nun reihenweise vor allem Transport- und Kampfhubschrauber ab, die Sowjets verloren die Lufthoheit. Ihrer militärischen Niederlage wurde damit maßgeblich der Weg bereitet. Die ihnen unterstellte afghanische Armee glänzte durch Desertionen, politisch und vor allem wirtschaftlich war die sowjetische Besatzung unwiderruflich gegen die Wand gefahren. Zur «Glasnost» des letzten sowjetischen Staats- und Parteichefs Michail Gorbatschow gehörte daher zwangsläufig auch, den Rückzug aus Afghanistan einzuleiten, der 1989 abgeschlossen wurde. Dieses Fiasko, geboren aus Größenwahn und der gründlichen Verkennung eigener Kräfte wie auch geostrategischer Gegebenheiten, erwies sich als der letzte große Sargnagel der untergehenden Sowjetunion.

Im Januar 1998 gab der US-amerikanische strategische Vordenker Zbigniew Brzezinski der französischen Zeitschrift *Le Nouvel Observateur* ein bemerkenswertes Interview, in dem er Klartext redete – jenseits der üblichen Formeln rund um «Demokratie» und «Werteorientierung», die gemeinhin zur Rechtfertigung westlicher Interventionspolitik herhalten müssen:

«*Der frühere CIA-Direktor Robert Gates schreibt in seinen Memoiren, dass die amerikanischen Geheimdienste den afghanischen Mudschahedin schon ein halbes Jahr vor der sowjetischen Invasion Hilfe zu leisten begannen. Sie als damaliger Sicherheitsberater waren daran beteiligt, nicht wahr?*

Brzezinski: Ja. Die offizielle Version lautete, dass die CIA-Hilfe für die Mudschahedin im Laufe des Jahres 1980 einsetzte, also nach dem sowjetischen Einmarsch am 24. Dezember 1979. Die Wirklichkeit aber, das wurde bisher geheim gehalten, sah anders aus. Am 3. Juli 1979 hat Präsident Carter die erste Direktive unterschrieben, um den Gegnern des pro-sowjetischen Regimes in Kabul still und leise Hilfe zu leisten. Am selben Tag noch habe ich dem Präsidenten geschrieben. Ich habe ihm erklärt, dass diese Hilfe meiner Meinung nach eine sowjetische Militärintervention herbeiführen würde.

(...) *Haben Sie selbst die Absicht verfolgt, dass die Sowjets einen Krieg beginnen, und nach Mitteln und Wegen gesucht, das zu provozieren?*

Nicht ganz. Wir haben die Russen nicht gedrängt zu intervenieren, aber wir haben wissentlich die Wahrscheinlichkeit erhöht, dass es dazu kommen würde.

Als die Sowjets ihre Intervention mit der Absicht be-

gründeten, dass sie das geheime Engagement der USA in Afghanistan bekämpfen wollten, hat ihnen niemand geglaubt. Dennoch war die Behauptung nicht ganz falsch. Bereuen Sie heute nichts?

Was denn bereuen? Die geheime Operation war eine ausgezeichnete Idee. Das Ergebnis war, dass die Russen in die afghanische Falle gelaufen sind, und Sie verlangen von mir, dass ich das bereue? An dem Tag, an dem die Sowjets offiziell die Grenze überschritten hatten, schrieb ich Präsident Carter: Jetzt haben wir die Gelegenheit, der UdSSR ihren Vietnam-Krieg zu verpassen. Und tatsächlich, fast zehn Jahre lang war Moskau gezwungen, einen Krieg zu führen, der die Möglichkeiten der Regierung bei Weitem überstieg. Das wiederum bewirkte eine allgemeine Demoralisierung und schließlich den Zusammenbruch des Sowjetreiches.

Und Sie bereuen auch nicht, den islamischen Fundamentalismus unterstützt zu haben, indem Sie künftige Terroristen mit Waffen und Knowhow versorgten?

Was ist für die Weltgeschichte von größerer Bedeutung? Die Taliban oder der Zusammenbruch des Sowjetreiches? Einige fanatisierte Muslime oder die Befreiung Zentraleuropas und das Ende des Kalten Krieges?»

Pakistan ist kein Land mit einer Armee, sondern eine Armee mit einem Land. Historisch hervorgegangen aus der Zweiteilung Britisch-Indiens 1947 in einen mehrheitlich hinduistischen Staat, Indien, und einen weitgehend muslimischen, Pakistan. Diese Zweiteilung ging einher mit einem der größten Bevölkerungstransfers in der Geschichte der Menschheit: Millionen Flüchtlinge strömten in die eine oder die andere Richtung. Muslime aus Indien in den Westen, nach Pakistan, Hindus aus Pakistan in den Osten, nach Indien. Im Zuge dieser Völkerwanderung kam es allenthalben zu Massakern, die mindestens eine Million Menschen das Leben kosteten. Pakistan und Indien wurden zu politischen Todfeinden, die mehrere Kriege gegeneinander führten, meist ausgehend von der umstrittenen Grenzregion Kaschmir.

Anders als Indien ist Pakistan in mehrfacher Hinsicht ein Kunstprodukt. Der muslimische Rumpfstaat, hervorgegangen aus kolonialer Konkursmasse, verfügt weder über eine Nationalgeschichte noch über ein Staatsvolk. Das Land zerfällt in zahlreiche, von unterschiedlichen Ethnien bevölkerte Regionen, die sich selbst jeweils am nächsten sind. Der Zentralstaat war immer schwach, nicht zuletzt wegen der militärisch und politisch kaum zu kontrollierenden Grenzregionen zu Afghanistan. Die äußerliche Macht liegt wesentlich in Händen miteinander rivalisierender Familienclans, deren bei uns bekanntester die Bhutto-Dynastie ist. Die Provinzen Sindh im Süden und Punjab im Nordosten verfügen über den größten Einfluss in Islamabad. Die eigentlichen Machthaber jedoch sind die Militärs, die hinter den Kulissen die entscheidenden Strippen ziehen – ganz gleich, wer gerade nominell den Premierminister oder die Premierministerin stellen mag. Die Militärführung ist das Rückgrat Pakistans: Viele Pakistaner glauben, das Land wäre ohne seine Armee längst zerfallen, ist sie doch die einzige mehr oder weniger funktionierende staatliche Institution – Korruption hin oder her.

Geopolitisch und militärstrategisch ist Afghanistan für Islamabad von allergrößter Bedeutung. Im Kriegsfall mit Indien wäre die pakistanische Armee schlimmstenfalls auf das afghanische Hinterland als Rückzugsraum angewiesen. Auf keinen Fall darf aus pakistanischer Sicht in Kabul eine Regierung an die Macht gelangen, die enge Beziehungen zu Indien anstreben könnte. In dem Fall wäre man, so die Überzeugung in Islamabad, eingekesselt. Aus diesem

Grund besteht die wohl wichtigste Aufgabe des größten pakistanischen Geheimdienstes ISI (Inter-Services Intelligence) darin, für klare Verhältnisse im Nachbarland zu sorgen. Zunächst mit Hilfe der Mudschahedin, dann im Schulterschluss mit den Taliban.

Bis zu ihrem Niedergang in den 1990ern gab es zwei Kategorien von Mudschahedin: paschtunische und nichtpaschtunische, allen voran tadschikische. Keine der zahlreichen paschtunischen Mudschahedin-Gruppen in Afghanistan hätte ohne den Segen des ISI zu Macht und Einfluss gelangen können. Aus oder über Pakistan erhielten sie Waffen und Geld. Die nicht-paschtunischen Gruppen waren demgemäß «benachteiligt». Islamabad unterstützte sie in der Regel nicht oder nur in deutlich geringerem Maß, da die ethnischen Minderheiten das Machtmonopol der Paschtunen herausforderten und deren Milizen bekämpften – also die Verbündeten Pakistans. Entsprechend waren sie zunächst vor allem angewiesen auf finanzielle Unterstützung durch die CIA und westliche Geheimdienste, später wurden sie auch von den Staaten der GUS (Gemeinschaft Unabhängiger Staaten) «gefördert», insbesondere von Usbekistan, aber auch aus der Türkei und Indien.

Warlords zerstören das Land

Nach dem Abzug der Sowjets 1989 begannen die jeweiligen Mudschahedin-Gruppen und ihre Anführer, die Warlords, sich untereinander zu bekämpfen. Das erlaubte der kommunistischen Regierung in Kabul, sich noch drei Jahre an der Macht zu halten, bis April 1992: unter Führung des Paschtunen Mohammed Najibullah, der 1987 den Tadschiken Babrak Karmal abgelöst hatte. Zwar waren die meisten Mudschahedin-Gruppen formal politische Parteien oder

Bewegungen, die gerne das Wort «Islam» im Namen führten. Das aber war eher Folklore und diente in erster Linie der Legitimation gegenüber der eigenen Klientel. Die Warlords, eine Kreuzung aus Stammeskriegern und Schwerverbrechern, erwiesen sich als unfähig, Afghanistan politisch zu führen. Bis zum Sturz der Kommunisten 1992 war Kabul von Kampfhandlungen fast unversehrt geblieben. Nun aber legten die Warlords die Hauptstadt in weiten Teilen in Schutt und Asche, überzogen sie monatelang mit Artillerie- und Mörserbeschuss, während ihre Kämpfer plünderten und vergewaltigten. Anarchie und Chaos überzogen das Land, jede Überlandfahrt war lebensgefährlich, alle paar Kilometer verlangten irgendwelche Wegelagerer nach Geld.

Die Warlords waren schlichtweg unfähig oder unwillig, sich über die Verteilung der Macht zu verständigen. Was sie nicht daran hinderte, ständig die Seiten und ihre Verbündeten zu wechseln: Die Waffenbrüder von heute konnten am nächsten Tag bereits Todfeinde sein, und umgekehrt. Im Kern ging es dabei stets um einen größeren Anteil an Macht und Beute, nicht zuletzt mit Blick auf den lukrativen Opiumhandel, das Rückgrat der afghanischen Ökonomie. Aufgrund ihres massenmörderischen Auftretens, ihrer fehlenden Verwurzelung in der Bevölkerung und des Mangels an einer politischen Vision jenseits von Selbstbereicherung hatten die Mudschahedin den als Volkstribunen auftretenden Taliban und ihrem Siegeszug nichts entgegenzusetzen. Die meisten «Glaubenskämpfer» wechselten im Laufe der 1990er die Seiten und schlossen sich den Taliban an.

Auch die Warlords selbst arrangierten sich mit den immer wieder neuen Rahmenbedingungen – darin hatten sie Übung. Nach 2001 empfahlen sie sich den Amerikanern als zuverlässige Verbündete, wie damals, gegen Moskau. Dieses Mal nun wider die Taliban. Es ist ein bedrückendes Phänomen, dass es auch den übelsten Kriminellen immer wieder gelingen konnte, ihre Fahne in den Wind zu hängen und sich jeder Strafverfolgung zu entziehen. Ein besonders abschreckendes Beispiel ist der Paschtune Gulbuddin Hekmatyar, der zunächst gegen die Sowjets kämpfte. In den 1990ern wurde er zweimal Premierminister, 2001 schlug er sich auf die Seite Osama bin Ladens und erklärte die Amerikaner zum Feind, wurde von den Vereinten Nationen sanktioniert, 2017 aber amnestiert, zog anschließend, ganz im Sinn Washingtons, gegen die Taliban ins Feld und gehört seit deren Machtübernahme im August 2021 dem «Koordinierungsrat» in Kabul an. Hekmatyar ist für die Zerstörung der Hauptstadt und den Tod Zehntausender maßgeblich verantwortlich. Dass er weder vor einem Erschießungskommando noch in Guantanamo gelandet ist, verdankt er in erster Linie seiner Protektion durch den ISI. Aus dessen Sicht ist dieser Massenmörder ein Aktivposten, fest in pakistanischen Händen. Ließen die ihn fallen, hätte er ein Problem.

Der ungeliebte Putschist und Militärmachthaber Zia ul-Haq (1977–1988) trieb die Islamisierung Pakistans maßgeblich voran. In erster Linie aus Populismus, um sich den konservativen und religiösen Kräften zu empfehlen. Aus diesem Grund wurde landesweit der Bau religiöser Schulen vorangetrieben, der Madrasas. Verstärkt in den 1980ern, nach dem sowjetischen Einmarsch in Afghanistan. Sie unterliegen keinerlei behördlicher Kontrolle, ihre genaue Zahl kennt niemand: es sind Abertausende. Dabei handelt es sich nicht um Lehrstätten im herkömmlichen Sinn, sondern um religiöse Kaderschmieden. Finanziert werden sie in erster Linie aus Saudi-Arabien. Entsprechend lehren sie den wahhabitischen Staatsislam. Der Lehrstoff besteht im

Wesentlichen darin, den Koran auswendig zu lernen und den Anweisungen der Prediger zu folgen. Die Schüler, ausschließlich Jungen, werden indoktriniert, erhalten im Gegenzug aber unentgeltlich Kost und Logis, Kleidung und medizinische Versorgung. Verarmte pakistanische Familien und afghanische Flüchtlingsfamilien finden hier ein soziales Auffangbecken für ihre Söhne. Die Madrasas dienten zunächst als Waffenlager und Rekrutierungszentren für die Mudschahedin, später dann der Taliban. Ein «Talib» ist nichts anderes als ein «Religionsschüler» oder «Religionsstudent» an einer Madrasa, im Plural Taliban.

Vor diesem Hintergrund wird verständlich, warum es schlichtweg unmöglich war und ist, die Taliban militärisch zu besiegen. Sie sind dermaßen verwoben mit der gesellschaftlichen Textur auch Pakistans, dass ihnen ein quasi unbegrenzter «Nachschub» an Kämpfern zur Verfügung steht. Nicht allein, doch überwiegend paschtunischen. Wer hier die Axt ansetzen wollte, müsste zunächst die grassierende Armut bekämpfen und eine Bildungsoffensive starten. Das wäre eine Jahrhundertaufgabe, mehr noch eine *mission impossible*. Aus saudischer Perspektive sind die Madrasas eine Investition in die Zukunft. Radikalisierte sunnitische Schüler und Studenten eignen sich hervorragend als Guerilleros zum Einsatz an den Grenzen Pakistans und Afghanistans zum Iran – für den Fall, dass es jemals zum Krieg zwischen Saudi-Arabien und dem schiitischen Iran kommen sollte.

«Robin Hood» schafft Ordnung: Der erste Siegeszug der Taliban

1994, als die Taliban von Kandahar aus ihren Siegeszug antraten, war Afghanistan großflächig zerstört. Die Macht lag in Händen verschiedener regionaler Warlords und ihrer jeweiligen Milizen. Eine Lage vergleichbar mit der in Europa gegen Ende des Dreißigjährigen Krieges 1648. Zwar gab es in Kabul eine Regierung unter Führung des Tadschiken Burhanuddin Rabbani, eines weiteren notorischen Warlords, der nominell von 1992 bis 2001 regierte, doch bestand die in erster Linie auf dem Papier und hatte kaum Einfluss über Teile der Hauptstadt und einige Stammesgebiete hinaus. (Rabbani wurde 1996 von den Taliban gestürzt, seine «Regierung» galt aber den Vereinten Nationen auch weiterhin als die einzige rechtmäßige Vertretung des Landes. Er starb 2011 bei einem Anschlag.)

Afghanistan in einem Wort: Anarchie. Die fehlende Sicherheit erwies sich auch für die Wirtschaft zunehmend als Problem. Neben Opium spielt der Warentransport eine maßgebliche Rolle in den Handelsbilanzen. Afghanistan ist ein wichtiges Transitland zwischen dem Iran und Pakistan einerseits sowie für die zwischen Pakistan und den sowjetischen Nachfolgestaaten, insbesondere Usbekistan und Turkmenistan, neu entstandenen Handelsrouten andererseits.

Es ist kein Zufall, dass die Bewegung der Taliban in Kandahar ihren Anfang genommen hat. Ökonomische Erfordernisse spielten dabei ebenso eine Rolle wie die Suche nach politischer Stabilität im historischen Machtzentrum der Paschtunen. Wie dargelegt, begann die moderne Geschichte des Landes 1747 in Kandahar, der zweitgrößten Stadt nach Kabul. An diesem auch symbolischen Ort war nunmehr die Bühne bereitet für den Auftritt eines aus der Zeit gefallenen «Heiligen», dessen vormodernes Weltbild den Siegeszug der Taliban wie beiläufig einleitete – mit ihm, Mullah Mohammed Omar, als der maßgeblichen politischen und moralischen Instanz.

Wer ist Mullah Omar?

Kandahar liegt am Schnittpunkt der Nord-Süd- und der West-Ost-Verbindungen, ist also strategisch von größter Bedeutung – inmitten einer Wüste, die im Sommer lebensbedrohliche Temperaturen erreicht. Doch rund um die Oasenstadt herum finden sich fruchtbare Felder und schattige Obstgärten, die seit dem Mittelalter von einem durchdachten und auf Verteilungsgerechtigkeit beruhenden Bewässerungssystem gespeist wurden. Die Sowjets haben es umfassend zerstört, wiederhergestellt worden ist es bis heute erst in Ansätzen. Dort werden seit Menschengedenken Maulbeeren, Weintrauben, Feigen, Melonen, Pfirsiche und vor allem Granatäpfel angebaut. Ebenso lange werden sie, getrocknet, in den Iran und in Richtung Indien exportiert. Mit dem Aufkommen von LKW im vorigen Jahrhundert entstand ein reger Import- und Exporthandel vor allem nach Karachi, der pakistanischen Hafenstadt. Da Afghanistan ein Binnenland ist, erlaubte Islamabad dem Nachbarn in den 1950ern den zollfreien Zwischenhandel. Daraus entwickelte sich eine Transportmafia, die maßgeblich von Kandahar und Quetta aus den Fernverkehr in Richtung Karachi steuert. Exportiert werden seither insbesondere Früchte und Opium, aber auch Rohstoffe und Bodenschätze, importiert alles, wonach der Inlandsmarkt in Afghanistan verlangt – in der Regel an der Steuer vorbei, doch unter Zahlung der entsprechenden Schmiergelder.

Die grassierende Wegelagerei und die fehlende «Rechtssicherheit» im Großraum Kandahar schädigten massiv die Geschäftsinteressen dieser Transportmafia. Umso mehr, als der Handel im Norden, über den Khyber-Pass in Richtung Zentralasien, mehr oder weniger reibungslos funktionierte, ungeachtet aller Machtkämpfe. Da die maßgeblichen Warlords ihren Anteil an den Transitgebühren erhielten, behinderten sie den Warentransport in der Regel nicht. Im Süden dagegen konnten sich die verschiedenen Milizführer nicht einmal auf die Verteilung der Mautanteile verständigen.

Darüber hinaus sah sich die einfache Bevölkerung täglich den Übergriffen bewaffneter Gruppen ausgesetzt. Verschiedene religiöse Autoritäten versuchten, wenigstens auf lokaler Ebene die Lage zu befrieden. Viele Menschen sehnten sich nach einem Ende der Gewalt und nach Sicherheit. Längst hatten die Mudschahedin und ihre Kommandeure jede Glaubwürdigkeit verspielt. Die Einzigen, die in dieser Lage noch über moralische Autorität verfügten, waren einheimische Mullahs, die als Streitschlichter hervortraten.

Einer von ihnen, der wohl erfolgreichste, war besagter Mullah Mohammed Omar. Geboren wurde er um 1960 in einem Dorf unweit von Kandahar. Er stammte aus einer Familie armer, besitzloser Bauern. In seinen Zwanzigern eröffnete er eine kleine Madrasa im Dorf Singesar, westlich von Kandahar. Im Kampf gegen das Najibullah-Regime in Kabul wurde er zwischen 1989 und 1992 viermal verwundet, einmal am rechten Auge, das völlig erblindete. Zwischenzeitlich hatte Omar zahlreiche Anhänger um sich geschart, vielfach aktive oder frühere Koranschüler verschiedener

Madrasas, vor allem aus der Region Kandahar. Diese Anhänger bezeichneten sich selbst als Taliban.

Der britisch-pakistanische Journalist Ahmed Rashid, einer der besten Kenner der Taliban, beschrieb deren *Big Bang* in seinem Buch *Taliban* (München 2001) so: «Eine wahre Mythensammlung versucht zu erklären, wie Omar eine kleine Gruppe Taliban gegen die habgierigen Kriegsherren aus Kandahar mobilisieren konnte. Die glaubwürdigste Geschichte besagt, im Frühling 1994 hätten Nachbarn aus Singesar berichtet, ein Befehlshaber habe zwei junge Mädchen entführt, ihre Köpfe scheren und in ein Militärlager bringen lassen, wo sie wiederholt geschändet wurden. Omar suchte sich etwa 30 Taliban aus, und mit nur 16 Gewehren griffen sie die Militärbasis an, befreiten die Mädchen und hängten den Befehlshaber am Kanonenrohr eines Panzers auf. Sie konfiszierten Unmengen an Waffen und Munition.»

Diese und ähnliche Aktionen bescherten Omar den Ruf eines Robin Hood. Umso mehr, als er keine Bezahlung verlangte, sondern lediglich dazu aufforderte, ihn bei der Errichtung einer gerechten islamischen Ordnung zu unterstützen. Sein untadeliger Ruf machte landesweit die Runde. Omar verstand es, das bestehende politische und moralische Vakuum kraft seiner Integrität und klugen Bündnispolitik, weit über Kandahar hinaus, zügig zu füllen. Innerhalb nur weniger Monate schlossen sich ihm zahlreiche Koranschüler aus ganz Afghanistan und zunehmend auch Pakistan an. Zum Jahresende 1994 waren es bereits 12.000. Damit begann der erstaunliche Siegeszug der Taliban, die eine paschtunische Provinz nach der anderen eroberten, oft kampflos. Keine zwei Jahre später, im September 1996, übernahmen sie die Macht auch in Kabul.

Die Taliban setzen sich durch

Dieser Siegeszug ging einher mit der Befriedung der von ihnen eroberten Landstriche. Mit Hilfe drakonischer Strafen, darunter der Amputation der Hand bei Diebstahl oder der von Hand und Fuß bei Wegelagerei, schufen sie fast augenblicklich «Rechtssicherheit». Solche Strafen wurden nicht häufig vollstreckt, doch wirkten sie überaus abschreckend. Der Autor dieses Buches konnte bei einem Besuch in Jalalabad 1998 feststellen, dass die Händler im dortigen Basar ihr Geld während des Mittagsgebetes in der Kasse beließen. Niemand bei Verstand wäre auf die Idee gekommen, sich hier in der Zwischenzeit zu bedienen. Die Glaubwürdigkeit der Taliban und ihr Rückhalt in der kriegsgebeutelten Bevölkerung beruhten auf zwei Säulen: Sie waren (und sind) mehrheitlich nicht korrupt. Und sie haben für Ruhe und Ordnung gesorgt. Die Menschen konnten wieder ohne Angst ihrem Alltag und ihren Geschäften nachgehen. Das ist ein sehr, sehr hohes Gut in einem Land, dessen Bewohner jahrelang nichts anderes kannten als Krieg, Terror und Gewalt. Die Repressionen der Taliban und ihr rückwärtsgewandtes Weltbild sind vor solchem Hintergrund das geringere Übel.

Nachdem die Taliban die Kontrolle in Kandahar übernommen hatten, beseitigten sie als Erstes die zahlreichen Straßensperren und patrouillierten auf den Überlandstrecken. Gleichzeitig sorgten sie dafür, dass LKW aus Pakistan nur noch eine einmalige Maut zu entrichten hatten, gestaffelt nach dem Wert der beförderten Waren. Diese Gebühren wurden zunächst zu ihrer wichtigsten Einnahmequelle. Indem die Taliban für geordnete Verhältnisse sorgten, kamen sie einer Forderung der Transportmafia nach. Die revanchierte sich, indem sie zahlreichen Taliban Jobs als Fahrer oder Lagerarbeiter verschaffte und der pakistanischen Wirtschaft sichere Transport- und Transitwege garantierte – was wiederum den Taliban höhere «Steuereinnahmen» bescherte. Unterdessen hatte der ISI deren Potential als mögliche Bündnispartner Islamabads längst erkannt. Seit ihren ersten Erfolgen unterstützte er sie mit Waffen und Geld. Bislang hatte der pakistanische Geheimdienst vor allem auf Hekmatyar und Rabbani gesetzt, erkannte aber wohl, dass mit diesen Warlords allein auf Dauer kein Staat zu machen war.

Die Taliban sind eine ursprünglich afghanische Miliz und Bewegung, die zur rechten Zeit am rechten Ort ein bestehendes politisches und staatliches Vakuum zu füllen verstand. Ihr Siegeszug wäre jedoch ohne die Unterstützung aus Pakistan in diesem Umfang und vor allem in diesem Tempo kaum möglich gewesen. Die dortigen Entscheider haben sich damit auf ein durchaus gefährliches Spiel eingelassen, denn die Taliban sind mitnichten pakistanische Marionetten. Nach ihrem Sturz in Kabul 2001 wurden die Koranschüler in Pakistan zu einem Staat im Staat, was nachfolgende Regierungen in Islamabad zu einem dauerhaften Spagat zwang. Einerseits mussten Letztere sich als loyale Verbündete Washingtons im «Krieg gegen den Terror» beweisen, um nicht ihrerseits in Ungnade zu fallen. Andererseits besitzt niemand in Pakistan die Macht, auch die Armee nicht, die Taliban zu entwaffnen, nicht einmal sie entscheidend zu schwächen. Vor allem deswegen nicht, weil sie nach 2001 zusätzlich auch eine eigenständige politische und militärische Kraft in Pakistan geworden sind, eng mit den paschtunischen Glaubensbrüdern in Afghanistan verbunden, doch eigenständig organisiert und nicht immer mit ihnen im Einklang. Gemeinsam wären sie durchaus in der Lage, spätestens seit dem erneuten Einzug der Taliban in Kabul 2021, die Machtfrage auch in Islamabad zu stellen.

Die offizielle pakistanische Sprachregelung lautet daher, von Premierministerin Benazir Bhutto 1994 bis zum heutigen Premierminister Imran Khan: Wir unterstützen die Taliban nicht, haben das auch nie getan. Das Gegenteil ist richtig, das Grobe allerdings erledigte stets der ISI.

Wer den heutigen Regierungsstil der Taliban zu verstehen sucht, muss zurückgehen in die Zeit Mullah Omars. Er war der Ideen- und Impulsgeber, er fällte alle maßgeblichen Entscheidungen, umgeben von wenigen Getreuen. Auch zur Zeit der ersten Taliban-Herrschaft in Kabul (1996–2001) blieb er in Kandahar, besuchte er die Hauptstadt nur zweimal. Westliche Diplomaten oder Journalisten hat er nie empfangen. 1998 traf er zum ersten und einzigen Mal einen Vertreter der internationalen Politik, den UN-Sonderbeauftragten für Afghanistan, Lakhdar Brahimi, einen Algerier. Es gibt nur ein einziges Foto von Omar, der sich 2001 nach Pakistan absetzte und auch dort, bis zu seinem Tod 2013, kein einziges Mal öffentlich in Erscheinung trat. Im Hintergrund allerdings zog er weiterhin die Fäden. So misstrauisch er Fremden gegenüber auch sein mochte, galt er im Umgang mit seinen Anhängern als aufgeschlossen, höflich und zugewandt. Ungeachtet des Mythos, der ihn umgab, war Omar jedoch weder redegewandt noch charismatisch. Ahmed Rashid, der ihm mehrfach begegnete, beschrieb Omars Regierungsmethode in Kandahar so:

«Von seinem kleinen Büro in der Villa aus geht er den ganzen Tag lang seinen Geschäften nach. Zu Anfang saß er zusammen mit den anderen Taliban auf dem Zementboden, jetzt sitzt er auf einem Diwan, während sich die anderen auf dem Boden um ihn scharen – was seinen Status als Führer hervorheben soll. Ihm zur Seite stehen mehrere Sekretäre, die bei seinen Gesprächen mit Befehlshabern, einfachen Soldaten, religiösen Würdenträgern und Klägern Protokoll schreiben. Im Hintergrund knacken Funkgeräte, über die er mit Befehlshabern im ganzen Land in Verbindung steht. Seine Geschäfte bestehen aus langwierigen Debatten und Diskussionen, die immer im Erstellen von ‹Zetteln› mit Anweisungen enden, die einem Kommandanten einen Angriff gestatten, einem Taliban-Gouverneur befehlen, einem Kläger in Not zu helfen oder einem Mittelsmann der Vereinten Nationen eine Nachricht zukommen zu lassen. Offizielle Mitteilungen an ausländische Botschaften in Islamabad werden meistens von pakistanischen Beratern diktiert.»

Wie Mullah Omar regierte

Höhere Aufgaben im Umfeld der Taliban erhielten vor allem solche Gefährten Omars, die er seit Jahren kannte und denen er vertraute. Aus politologischer Perspektive ist dessen Werdegang fast schon als phänomenal zu bezeichnen. Er verfügte über keine nennenswerte Bildung, schaffte aber den Aufstieg bis zum «Staatschef» und widersetzte sich erfolgreich, über Jahre hinweg, den USA wie auch der NATO. Sein Land und die Mentalitäten der Bevölkerung kannte er sehr gut – im Gegensatz zu den westlichen Besatzern, was wesentlich zu deren Niederlage beitragen sollte.

Auch seinen paschtunischen Widersachern begegnete er durchaus mit Respekt, was Kapitulationsverhandlungen erleichterte. Die Taliban sind nicht mit blinder Gewalt durch Afghanistan gezogen. Vielfach sind sie in Provinzen einmarschiert, deren regionale Führer vorab, nach entsprechenden Verhandlungen oder Drohungen, ihren Seitenwechsel zu den Taliban bekundet hatten. Racheakte in Gestalt von Massakern an Paschtunen hat es nicht gegeben – wohl aber an anderen Bevölkerungsgruppen, allen voran den schiitischen Hazara. Diese Bereitschaft zum inner-paschtunischen Gespräch steht in einem bemerkenswerten Widerspruch zum sonstigen Rigorismus der Taliban, ihrer Unfähigkeit zum gesellschaftlichen Dialog, zum Kompromiss und zur Versöhnung mit ihren nicht-paschtunischen Gegnern. Allerdings haben sie seit 2001 dazugelernt und geben sich mittlerweile flexibler im Umgang mit den übrigen Ethnien Afghanistans – ohne sie jedoch nennenswert an der Macht zu beteiligen.

Omar war ein geschickter Stratege und zeigte sich für Argumente empfänglich. Er beharrte nicht auf seinen Meinungen. Sein Regierungsstil ließe sich durchaus als «demokratischer Zentralismus» bezeichnen. Als Mann des Volkes hatte er sein Ohr an den Menschen, hörte erst zu und handelte dann. Im Kern aber war diese Herrschaftsmethode auf einen kleinen Kreis von Beratern beschränkt, auf einige Dutzend Personen, überwiegend aus der Region Kandahar. Je größer der militärische und politische Einfluss der Taliban wurde, umso mehr «konzentrische Kreise» bildeten sich langsam und kontinuierlich um diesen inneren Machtzirkel herum. Alle wichtigen Entscheidungen wurden in letzter Instanz von Mullah Omar gefällt, alle Minister, Gouverneure, Bürgermeister und sonstigen Führer von ihm ernannt. Sein Wort galt – nicht, weil er ein Diktator gewesen wäre, vielmehr infolge seines Standings, des Rufes untadeliger Moralität. Wir haben es hier zu tun mit einer für uns unvertrauten, quasi permanent tagenden Ratsversammlung unter Stammesführern und -ältesten.

Die höchste politische Instanz der Taliban war der Verwaltungsrat, dem sechs Personen angehörten, darunter die Gründungsmitglieder der Bewegung. Ging es um grundsätzliche Probleme, tagte der Oberste Rat, in dem die Mitglieder des Verwaltungsrates vertreten waren und eine von Fall zu Fall unterschiedliche Zahl interessierter oder betroffener «Ältester». Schließlich gab es noch einen 30-köpfigen

Ministerrat. Diese Struktur haben die Taliban bis heute im Grundsatz beibehalten: Ein inneres, überschaubares Machtzentrum, daneben ein «Parlament» mit verschiedenen Ausschüssen. Äußerlich bemühen sie sich um Egalität – sie sind ja Koranschüler und Religionsstudenten und nicht etwa «Ulama», religiöse Rechtsgelehrte, wie im sunnitischen Islam gemeinhin der Macht nahestehende Theologen genannt werden. Auch die Eigenbezeichnung «Mullah» für Taliban-Führer signalisiert Bescheidenheit: Im sunnitischen Islam ist das ein bloßer Ehrentitel für islamische Würdenträger, ohne hierarchische Bedeutung.

Seit dem Tod Omars liegt das letzte Wort bei dessen engsten Weggefährten. Von den Taliban eine «inklusive Regierung» zu fordern, wie es seit ihrer Machtübernahme in Kabul im August 2021 regelmäßig geschieht, ist legitim. Geschehen wird das aber erst, wenn die Führungsebene von ihrem bisherigen Guerilla-Modus «umschaltet» auf eine moderne und transparente Regierungstätigkeit – sofern sie das will oder dazu in der Lage sein sollte, was keineswegs ausgemacht ist. Auf jeden Fall wird es dafür Zeit brauchen.

Wie aber ist das ultrakonservative Weltbild der Taliban zu erklären? Warum verfolgen sie die strengste Lesart der Scharia, des islamischen Gesetzes, strenger noch als in Saudi-Arabien? Wieso verwehren oder erschweren sie Mädchen den Schulbesuch, zwangen sie Frauen während ihrer ersten Regierungszeit (1996–2001) unter die Burka und sehen sie am liebsten eingesperrt im Haus? Weshalb haben sie damals Tanz und Musik verboten, zahlreiche Sportarten und Freizeitbeschäftigungen, zwangen sie Männer Bärte zu tragen und zertrümmerten Fernseher? Bei Reisen durch Afghanistan in den 1990ern waren die Checkpoints der Taliban schon von weitem zu erkennen. Zum einem an ihrem weißen Banner, dem sie später das islamische Glaubensbekenntnis in Schwarz hinzufügten («Es gibt keine Gottheit neben Gott, und Mohammed ist der Prophet Gottes»). Und zum anderen an den an zahlreichen Pflöcken aufgerollten Kassettenbändern, die von weitem wie Schnüre im Wind flatterten.

Die Bedeutung der Burka

Die Taliban lediglich als mittelalterlich zu bezeichnen trifft das Problem nicht. Afghanistan war auch schon vor deren Aufstieg ländlich und religiös-traditionalistisch, wie beschrieben. Die sozialen Strukturen haben sich seit Jahrhunderten kaum verändert, abgesehen von Kabul und einigen wenigen anderen Gebieten. Analphabetismus, Stammesdenken, ethnische Rivalitäten und archaische Moralvorstellungen prägen das Land. Von den umfassenden Kriegszerstörungen und der Entwurzelung von Millionen Menschen ganz zu schweigen. Solche Rahmenbedingungen sind selten einem modernen, aufgeklärten Denken zuträglich. Die Taliban berufen sich, wie alle islamischen Fundamentalisten, auf den Koran und die Scharia. Doch vieles von dem, was sie für islamisch halten, ist in erster Linie Ausdruck paschtunischer Traditionen und Werte. Die Burka beispielsweise, der Ganzkörperschleier für Frauen, der in Höhe des Gesichtes ein Gitter aufweist oder lediglich einen Sehschlitz frei lässt, wird nirgendwo in der islamischen Welt getragen, bis auf eine einzige Ausnahme: «Paschtunistan». Die Frage, ob die dortigen Frauen den tragen wollen, stellt sich im ländlichen Milieu schlichtweg nicht. Die Burka gehört seit Jahrhunderten zur Stammestradition. Mit Islam oder Nicht-Islam hat das nur bedingt zu tun.

Auch in Pakistan tragen Paschtuninnen auf dem Land die Burka. Kein staatliches Gesetz zwingt sie dazu. Wohl aber besagte Alltagskultur, jedenfalls in den Stammesgebieten. Gebildete und vor allem sozial höherstehende paschtunische Frauen in Pakistans Großstädten hüllen sich nie oder nur höchst selten in eine Burka. Während ihrer ersten Regierungszeit haben die Taliban alle Frauen in Afghanistan verpflichtet, die Burka zu tragen, auch nicht-paschtunische. Sie haben damit Rückständigkeit in den Rang einer Ideologie erhoben – erfunden aber haben sie diese «Uniform» nicht. Unter den vormodernen, teilweise archaischen Lebensbedingungen überwiegend sehr armer und wenig gebildeter paschtunischer Stammesgruppen in entlegenen Gebieten kann und wird es eine weibliche Emanzipation nur sehr langfristig geben. Eher in 100 Jahren als in zehn. Wer diesen Vorgang beschleunigen wollte, der müsste, wie bereits in anderem Zusammenhang erwähnt, in erster Linie in Bildung und in die Schaffung von Arbeitsplätzen investieren. Das zu tun wäre für Frauen wie Männer in Afghanistan und Pakistan die deutlich bessere Alternative gewesen als ein 20 Jahre währender «Krieg gegen den Terror», der Armut und Elend um mindestens eine weitere Generation verlängert hat. Ein solcher Ansatz hätte auch nur einen Bruchteil der Kriegskosten erfordert.

Historisch gesehen war der in Afghanistan gelebte und praktizierte Islam gemäßigt und tolerant. Geprägt wurde er wesentlich vom Spiritualismus der Sufis, islamischer Mystiker, die nach der Einheit von Gott, Natur und Mensch strebten. Krieg, Zerstörung und Gewalt haben seit 1978 jedoch gewaltbereiten Gruppen den Weg bereitet, die im Namen des Islam nach Macht und Herrschaft strebten. Auch die Taliban berufen sich auf die Religion, doch beruht deren Purismus erstaunlicherweise auf keinerlei «Exegese». Es gibt nicht ein einziges islamisches Manifest der Taliban, keinerlei religiöse Schriften, die sich auf wen auch immer berufen würden. Auch mit islamischer oder afghanischer

Geschichte haben sie sich nie befasst, jedenfalls liegen keine entsprechenden Texte vor. Offenbar verstehen sich die Taliban ursprünglich als eine Art Kriegerkaste, die gegen innere und äußere Feinde kämpft, wie alle religiösen Fundamentalisten nach moralischer Läuterung strebt und damit in letzter Konsequenz die Ausmerzung jeder abweichenden Meinung oder Lebensform betreibt – was «innerparteiliche» Pluralität nicht ausschließt.

Die Taliban sind des Lesens und Schreibens mehrheitlich kaum mächtig, das Bildungsniveau selbst auf Führungsebene ist begrenzt. Sein fehlendes Charisma mag Mullah Omar bewogen haben, sich im Gegensatz zu seinem Ehrengast Osama bin Laden nicht öffentlich zu positionieren und sich auf keine Islam-Debatten einzulassen. Gleichzeitig jedoch verfolgen die Taliban keine globale Agenda. Im Gegensatz etwa zu Al-Qaida oder dem Islamischen Staat sind sie keine transnationalen Dschihadisten. In erster Linie sind sie eine paschtunische Bewegung im Wirkungsbereich von «Paschtunistan». Ihre Legitimation verdanken sie vor allem ihrem Siegeszug und der Befriedung des Landes – nicht einem theologischen Fundament. Ein «Parteiprogramm» benötigen sie daher nicht zwingend. Da aus Sicht der Taliban das Diesseits lediglich ein irdisches Jammertal in Erwartung des jenseitigen Paradieses darstellt und der Märtyrertod den Eintritt in dieses Paradies beschleunigt, mögen Musik, Tanz oder sonstige Freuden nur ablenken vom wahren Weg. Zweifel erachten sie als Sünde, die Sinnfrage stellt sich ihnen nicht. Entweder ist man einer von ihnen, wenigstens im Geiste – oder aber ein Gegner, ein potentieller Feind.

Die schwierige Wahrheit hinter dem Turban

Allerdings sind die Taliban längst keine homogene Bewegung mehr. Wie auch politische Parteien kennen sie ein breites Spektrum an Strömungen, von Pragmatikern bis zu Hardlinern. Zu Letzteren rechnet etwa das Haqqani-Netzwerk, das in den USA als terroristisch gilt. Die größte, älteste und einflussreichste Madrasa in Pakistan ist die Haqqania. Sie befindet sich in der gesichtslosen Kleinstadt Akora Khattak, östlich von Peshawar. Mit den Taliban ist sie untrennbar verwoben. Viele ihrer Anführer und Minister haben dort studiert, darunter zwei der im September 2021 bekannt gegebenen Übergangsregierung in Kabul. In den Semesterferien kämpften viele Haqqania-Religionsstudenten, die zu gut zwei Dritteln aus afghanischen Flüchtlingsfamilien stammen, Seite an Seite mit den Taliban. Im November 1999 hatte der Autor dieses Buches Gelegenheit, dem größten Festtag der Haqqania beizuwohnen. Er findet einmal im Jahr statt: *Dastarbandi*, der Tag des Turban-Bindens. Dann erhalten etwa 600 Studenten in einer feierlichen Zeremonie ihr Diplom, nach acht Jahren Studium von Koran und Sunna (der Lebenspraxis des Propheten), der islamischen Rechtsschulen und der überlieferten Aussagen Mohammeds. Der Unterricht besteht vor allem im Auswendiglernen, studieren darf jeder, der seinen Namen lesen und schreiben kann. Die meisten Absolventen sind zwischen Mitte 20 und Mitte 30, alle tragen Vollbart und weiße Gewänder, die Farbe der Reinheit.

Nach Ende der Ansprachen, an jenem Festtag im November 1999 unter anderem von Muslim Haqqani, dem damaligen Taliban-Minister für religiöse Fragen («Niemals, niemals werden wir Osama ausliefern. Sollen sie uns doch Salman Rushdie geben»), erhoben sich die Absolventen aus ihrem Schneidersitz, umjubelt von der übrigen Menge, von Verwandten und Zaungästen. Anschließend segneten Sami ul-Haq, der Leiter der Haqqania, und Muslim Haqqani durch Handauflegen die 600 Turbane der Absolventen, die sie von nun an als Symbol religiöser Würde tragen durften. «Haq», man ahnt es wohl, ist nicht irgendein Wort. «Haq» bedeutet Wahrheit, die Haqqania ist der Ort der Wahrheit, Haqqani darf sich nennen, wer zur Bruderschaft der Absolventen gehört.

Als Europäer braucht es einige Zeit, um sich zurechtzufinden in der Welt einer Haqqania. Die martialische Rhetorik, die immer wieder vom Dschihad kündigt, legt den Eindruck nahe, man sei unter notorische Fanatiker geraten. Viele sind es auch, dennoch liegen die Dinge so einfach nicht. Politische Mission, tiefe Religiosität, eine sehr eigene Wirklichkeitswahrnehmung und eine grenzenlose Gastfreundschaft gegenüber Fremden gehen Hand in Hand und sorgen immer wieder für erstaunliche Eindrücke und Begegnungen. Bis zum «Krieg gegen den Terror» waren westliche Ausländer in diesem Umfeld willkommen und konnten sich dort gefahrlos bewegen. Für Afghanistan galt das seit den US-Luftangriffen in der Provinz Khost, im August 1998, nicht länger – dazu gleich mehr. Dass die in der hiesigen Politik wie auch den Medien beliebte Unterteilung der Welt in «gut» und «böse» unter solchen Gegebenheiten vollkommen nichtssagend ist, unterstreicht allein die Anwesenheit eines französischen Botschaftsangehörigen aus Islamabad und die eines US(!)-Konsulatsangehörigen aus Peshawar an jenem denkwürdigen Tag des Turban-Bindens. (Den richtig zu binden, nebenbei bemerkt, in der Tat eine Kunst ist.)

Die Haqqania hat durchaus ein theologisches Fundament, sie beruft sich auf die Deoband-Bewegung. Diese Bewegung entstand nach dem Aufstand gegen das britische Kolonialregime 1857 in der indischen Stadt Deoband. Dort befindet sich ihre größte Madrasa. Sie verstand sich zunächst als Erneuerungs- und Erweckungsbewegung. Da die weltanschaulich ursprünglich vielschichtigen Deobandis seit den 1980ern maßgeblich aus Saudi-Arabien finanziert werden, dominiert mittlerweile die wahhabitische Ausrichtung. Unter den Paschtunen sind die Deobandis seit dem 19. Jahrhundert überaus populär, zunächst wegen ihrer anti-britischen Ausrichtung. Die Haqqania orientiert sich in ihren Lehrplänen an jenen der Madrasa in Deoband. Deobandis folgen der hanafitischen Rechtsschule des Islam, der größten in Asien (insgesamt gibt es vier Rechtsschulen unter den Sunniten und zwei unter den Schiiten). Zum Kernbestand der hanafitischen Rechtsvorstellungen gehört die Frage, wie das Gute über das Böse triumphieren kann: Das Gute tun und das Böse meiden, wie es im Koran heißt. Daraus haben die Taliban in ihrer ersten Regierungszeit ein eigenes Ministerium geschaffen: das Ministerium zur Förderung der Tugend und der Verhinderung des Lasters. (Eine solche Einrichtung gibt es wortgleich auch in Saudi-Arabien, nur heißt sie da «Komitee».) De facto war das die Religionspolizei, die etwa auf den Straßen kontrollierte, ob Frauen hochhackige Schuhe trugen oder Lippenstift verwendeten. Nach der erneuten Machtübernahme der Taliban 2021 wurde dieses Ministerium umbenannt in Ministerium für religiöse Führung.

Für Europäer mag das alles schwere Kost sein. Doch nur, wer diese Hintergründe kennt und einzuordnen versteht, findet den richtigen Ansatz im Umgang mit den in der Tat schwierigen Verhältnissen in Afghanistan. Wer ernsthaft beabsichtigt, den Menschen dort beizustehen, ihnen ein besseres Leben zu ermöglichen, der muss sie dort «abholen», wo und wie sie leben. Ihnen auf Augenhöhe begegnen, ihnen zuhören und sie respektieren. Wer dagegen annimmt, im Gewand einer militärischen Besatzung demokratische Verhältnisse von oben herab einführen zu können, ist bestenfalls gutgläubig. Das bedeutet auch: Man muss mit allen reden. Allen voran den Taliban. Nicht «Werte», das Sein bestimmt das Bewusstsein. Am Anfang stehen Wasser und Brot. So sehr ist Afghanistan in Grund und Boden gebombt worden, dass auf diesen Ruinen noch für lange Zeit auch das Radikale gedeihen wird.

Feministinnen, Pipelines und Terror: Die USA suchen ihren Weg

Wenige Stunden nach der Machtübernahme der Taliban in Kabul im September 1996 verkündete ein US-Regierungssprecher, die Vereinigten Staaten hätten «keinerlei Einwände» mit Blick auf deren Islamverständnis. Zwei Monate später erklärte die Unterabteilungsleiterin im US-Außenministerium für Südasien, Robin Raphel, vor den Vereinten Nationen, es gebe international «Vorbehalte» gegenüber den Taliban, doch müsse man «anerkennen», dass es sich bei ihnen um eine «indigene» Bewegung handele. Und diese habe «unter Beweis gestellt, an der Macht bleiben zu können».[1] In ihrer Position war Raphel eine maßgebliche Gestalterin der Afghanistanpolitik Washingtons.

Zu der Zeit befand sich Osama bin Laden bereits in Afghanistan und hatte sich Mullah Omar und den Taliban erfolgreich angedient – was man in Washington durchaus wusste. Doch waren die Prioritäten damals noch anders sortiert: *It's the economy, stupid.* Nach dem Ende der Sowjetunion entdeckten die USA das politische und wirtschaftliche Potential der GUS-Staaten. Vor allem die kaspische Region, und hier insbesondere Turkmenistan, erweckten das Interesse der Amerikaner. Die nach Nordkorea härteste Diktatur verfügt über die sechstgrößten Erdgasreserven weltweit, Aserbaidschan über gewaltige Erdöl-Vorräte. Geostrategen spielten mit dem Gedanken, diese Ressourcen über Pipelines in Richtung Pakistan und Südostasien zu führen: nicht zuletzt in der Absicht, Teheran wirtschaftlich zu schwächen. Die Pipelines sollten den Iran umgehen und dessen Absatzmärkte in Südostasien unterminieren. Gleichzeitig stand Moskau im Visier. Deswegen wurden parallel Pipelines von Aserbaidschan über Georgien in die Türkei verlegt, unter Umgehung russischen Territoriums. Der Bau der geplanten Rohrleitungen von Turkmenistan über Afghanistan nach Pakistan dagegen erwies sich als ungleich schwieriger. Entsprechend führten die US-Ölfirma UNOCAL und ihr saudischer Partner, Delta Oil Company, bereits 1994 erste Gespräche mit den Taliban, das potentielle Milliardengeschäft vor Augen. Vermutlich aufgrund der guten Erfahrungen mit der afghanisch-pakistanischen Transportmafia und in Erwartung lukrativer Transitgebühren signalisierte Mullah Omar, dem Bau der entsprechenden Pipelines durch Afghanistan zuzustimmen.

Werteorientierung

Noch eine weitere Ölfirma bemühte sich um dieses Projekt, die argentinische Bridas. Wie Washington und diverse US-Geheimdienste zwischen 1994 und 1997 alle Hebel in Bewegung gesetzt haben, um Argentinien und Bridas auszubooten, soll hier nicht erzählt werden – es wäre ein Thriller. Der Illustration halber sei eine geradezu harmlose Episode wiedergegeben: Im März 1996 forderte der US-Botschafter in Islamabad auf Anweisung von Präsident Clinton die pakistanische Premierministerin Bhutto unmissverständlich auf, ihre Unterstützung für Bridas zugunsten von UNOCAL aufzugeben. Was nicht geschah, wohl aber die bilateralen Beziehungen über längere Zeit erheblich belastete.

Hinter den Kulissen bemühte sich UNOCAL nach Kräften um Washingtons Anerkennung der Taliban. Nur drei

Staaten mochten deren «Islamisches Emirat Afghanistan» anerkennen: Saudi-Arabien, die Vereinigten Arabischen Emirate und Pakistan. Das Plazet der Weltmacht wäre für die Taliban der Ritterschlag gewesen und hätte die Pipeline-Frage ohne Zweifel entschieden. UNOCAL scheute weder Kosten noch Mühe, ließ Taliban-Delegationen nach Washington und Houston einfliegen, dem Sitz der Firma, und engagierte Lobbyisten. Darunter den Amerikaner afghanischer Herkunft Zalmay Khalilzad, der für neokonservative Denkfabriken gearbeitet hatte. Via UNOCAL schaffte er unter Präsident Bush nach 9/11 den Sprung in die Politik, wurde Botschafter der USA in Afghanistan und im Irak, dann wieder in Afghanistan. Das Truppenabzugsabkommen zwischen Washington und den Taliban, 2020 in Katar unterzeichnet, hat maßgeblich Khalilzad für die amerikanische Seite ausgehandelt. Zeit seines Wirkens umgab ihn der Ruch von Zwielichtigkeit. Im Oktober 2021 wurde er aller Posten enthoben und politisch kaltgestellt. Die Regierung Biden warf ihm vor, sie in Sachen Afghanistan falsch beraten zu haben und damit für den Siegeszug der Taliban mitverantwortlich zu sein.

UNOCAL aber konnte die Regierung Clinton letztendlich nicht für eine Anerkennung der Taliban gewinnen. Obwohl sie das Pipeline-Projekt durch Afghanistan weiterhin unterstützte, war deren Haltung gegenüber den Taliban widersprüchlich und konfus. Washington hielt sie für Todfeinde des schiitischen Iran und somit auch politisch für nützlich. Gleichzeitig wurde ihr religiöser Furor ebenso ignoriert wie ihre Frauenfeindlichkeit. Und obwohl Osama bin Laden von Mullah Omar protegiert wurde, hielten die zuständigen Fachreferenten in Washington die Taliban für eine pro-westliche Bewegung.

In etwa zeitgleich jedoch hatten amerikanische Feministinnen das Thema afghanische Frauen für sich entdeckt, was Präsident Clinton, Pipelines hin oder her, nicht ignorieren konnte – vor allem nicht inmitten seines Wahlkampfes 1996. Mit großem Nachdruck prangerten US-Frauengruppen UNOCAL an und verlangten den Abbruch aller Kontakte zu den Taliban. Im September 1998 forderten grüne Aktivistinnen in Kalifornien gar, UNOCAL wegen Verbrechens gegen die Menschlichkeit anzuklagen und die Firma aufzulösen. Bei der Oskar-Nominierung 1999 organisierte die *Feminist Majority* eine Party mit Starbesetzung zur Unterstützung afghanischer Frauen. «Der Krieg der Taliban gegen die Frauen ist in Hollywood zum Hit geworden. Tibet ist out, Afghanistan in», schrieb die *Washington Post* am 30. März 1999. Auch Hillary Clinton, die mit Blick auf ihre eigene Karriere auf die Unterstützung maßgeblicher Frauenverbände angewiesen war, verurteilte die Taliban wiederholt und mit der allergrößten Emphase. Auf diese Linie schwenkte auch Präsident Clinton ein, der wegen seiner Affäre mit der Praktikantin Monica Lewinsky innenpolitisch erheblich unter Druck stand. Nicht Osama bin Laden änderte primär die Haltung Washingtons gegenüber den Koranschülern, sondern die Frauenfrage. Die US-Führung vollzog daraufhin einen Kurswechsel um 180 Grad und verfiel von einem Extrem ins nächste. Nach anfänglichem Wohlwollen – Pipelines, Frontstellung gegen Teheran – folgte nunmehr die Dämonisierung der Taliban.

Am 7. August 1998 starben mehr als 220 Menschen, darunter zwölf Amerikaner, bei zwei nahezu zeitgleichen Anschlägen auf die US-Botschaften in Kenia und in Tansania. Washington machte Osama bin Laden für die Terroranschläge verantwortlich und holte zwei Wochen später zum Gegenschlag aus. Mehrere Marschflugkörper schlugen in der ostafghanischen Provinz Khost ein, töteten zahlreiche Menschen, auch auf pakistanischer Seite, doch ihr eigentliches Ziel, bin Laden, verfehlten die Amerikaner. Seit 1996 lebte er dauerhaft in Afghanistan, mit Wissen und Billigung des ISI. Bei den Taliban machte er sich beliebt, indem er sie finanziell und militärisch unterstützte: 2000 bis 3000 Araber aus den Reihen Al-Qaidas kämpften gegen die «Nordallianz», ein Bündnis nordafghanischer, nicht-paschtunischer Milizen unter Führung des Tadschiken Ahmed Schah Massoud. Massoud wurde später in westlichen Medien zum Freiheitskämpfer stilisiert, zu einem afghanischen Che Guevara – nicht zuletzt, weil er die französische Schule in Kabul besucht hatte und fließend Französisch sprach. Das ließ ihn, in Verbindung mit seinem guten Aussehen, zur Projektionsfläche des «edlen Wilden» avancieren. Dennoch war der hochbegabte Militärstratege ein skrupelloser Warlord wie so viele andere auch – an der Zerstörung Kabuls hatte er an der Seite Hekmatyars erheblichen Anteil. Am 9. September 2001 starb er bei einem Anschlag von Al-Qaida.

Tod oder lebendig

Die Koranschüler kontrollierten zum Zeitpunkt der Terroranschläge in Ostafrika rund 80 Prozent des Landes, allein die nicht-paschtunischen Gebiete, überwiegend im Norden, vermochten sie nicht zu unterwerfen. Zeitweise verlief die Front nur wenige Kilometer nördlich von Kabul. Abends und nachts konnte man als ausländischer Besucher vom Hotel aus den Feuerschein am hell aufleuchtenden Himmel beobachten, unterlegt vom Stakkato schwerer Maschinengewehre und dem unablässigen Dröhnen der Artillerie. Wie erwähnt waren die Taliban nicht anti-westlich eingestellt. Das änderte sich erst mit dem Vergeltungsschlag in Khost. Hinter den Kulissen hatte es bereits in den Monaten zuvor intensive Verhandlungen zwischen den Taliban und den

Amerikanern über die Auslieferung Osama bin Ladens gegeben. Bei aller persönlichen Sympathie Mullah Omars für seinen saudischen Gast war der für ihn gleichzeitig ein Mittel zum Zweck, ein Faustpfand im Verhandlungspoker. Den Taliban ging es dabei vor allem um die politische Anerkennung durch die USA. Hätten die Amerikaner nicht 75 Marschflugkörper abgefeuert, sondern weiterhin eine Verhandlungslösung angestrebt – vielleicht wäre der Lauf der Geschichte ein anderer gewesen. Von dem Moment an jedoch konnte Mullah Omar aus Gründen der Gesichtswahrung nicht mehr einlenken.

In gewisser Weise hatten sich beide Seiten «verzockt». Der Taliban-Führer hatte zu hoch gepokert, Washington die Partie zu früh beendet. Nunmehr setzten die Amerikaner den Taliban ein Ultimatum. Entweder lieferten sie Osama bin Laden bis Februar 1999 aus, oder aber sie hätten die Konsequenzen zu tragen. Selbst wenn Omar gewollte hätte, konnte er dieser Forderung unmöglich nachkommen. Stattdessen verließ der US-Staatsfeind Nummer Eins Kandahar in Richtung Pakistan, um später nach Afghanistan zurückzukehren.

Nach den Anschlägen in Afrika wandelte sich Washingtons Politik gegenüber beiden Ländern in eine «tot oder lebendig»-Jagd auf bin Laden. Entsprechend erhöhte sich der Druck, während gleichzeitig Saudi-Arabien keiner nennenswerten Kritik seitens der US-Regierung ausgesetzt war. Grund genug hätte es dafür gegeben, von der saudischen Finanzierung der Madrasas bis hin zu den wiederholten Treffen des langjährigen saudischen Geheimdienstchefs Turki bin Faisal mit seinem Landsmann bin Laden in Pakistan. Dabei ging es offenbar in erster Linie darum, den Meistgesuchten von Anschlägen in Saudi-Arabien abzuhalten. Ganz gewiss nicht ohne Gegenleistung, vermutlich finanzieller Art.

Die amerikanische Dämonisierung des «Terrorfürsten» war in zweifacher Hinsicht unklug. Zum einen beförderte sie dessen Heldenimage in der islamischen Welt. Zum anderen trug sie erheblich zur Eskalation bei. Nachdem die Taliban das Ultimatum erwartungsgemäß hatten verstreichen lassen, erwirkte Washington ein Wirtschaftsembargo der Vereinten Nationen gegen Afghanistan, das im November 1999 in Kraft trat. Damit waren die Fronten endgültig geklärt, das Pipeline-Projekt gestorben. Und Osama bin Laden konnte ungestört die letzten Vorbereitungen für 9/11 treffen.

Die Taliban waren jedoch nie Parteigänger Al-Qaidas. Aus pragmatischen und weltanschaulichen Gründen hatten sie Gemeinsamkeiten. Doch deren überwiegend arabische Kämpfer waren unter den Paschtunen, deren Identität wesentlich auf Ethnizität und Stammeszugehörigkeit beruht, bestenfalls gelitten, nicht aber als gleichberechtigte «Brüder» anerkannt. Das Charisma bin Ladens verfehlte seine Wirkung allerdings nicht und hat zur Radikalisierung innerhalb der Taliban ohne Zweifel beigetragen. Mullah Omar sah sich hier in einem Dilemma. Hätte er seinen «Ehrengast» vor die Tür gesetzt, hätte er nicht allein gegen die Gebote der Gastfreundschaft verstoßen. Mehr noch wäre der pakistanische ISI verärgert gewesen. Ebenso bestand die Gefahr, dass es in dem Fall zu Konflikten der Taliban-Führung etwa mit dem einflussreichen Umfeld der Haqqania kommen könnte. Das nassforsche Auftreten Washingtons bereinigte die Verhältnisse und bewirkte den Schulterschluss zwischen den ausländischen, global agierenden Dschihadisten von Al-Qaida einerseits und den auf «Paschtunistan» fokussierten Kämpfern der Taliban andererseits.

Im März 2001 wurden die beiden Buddha-Statuen in der zentralafghanischen Provinz Bamian, Teil des Weltkulturerbes, auf Anordnung von Mullah Omar gesprengt, ebenso wie die meisten anderen Skulpturen und Monumente aus vorislamischer Zeit, soweit sie sich im Herrschaftsbereich der Taliban befanden. Diese Bilderstürmerei trug eindeutig eine wahhabitische Handschrift – auch in Saudi-Arabien waren im 19. und 20. Jahrhundert zahlreiche vorislamische Kulturgüter zerstört worden. Gleichzeitig war die Sprengung eine Machtdemonstration. Die Taliban hatten lange gebraucht, die überwiegend von schiitischen Hazara bewohnte Provinz 200 Kilometer westlich von Kabul zu erobern. Die Hazara hatten, ebenso wie andere nicht-paschtunische Volksgruppen, erbitterten Widerstand geleistet, mit Waffen und Geld vor allem aus Teheran. Mitte 1999 mussten die Widersacher der Taliban aufgeben, es folgten zahlreiche Übergriffe und Massaker vor allem an den Hazara.

Gleichzeitig wollten die Taliban mit der Sprengung auch ein Signal an die Staatengemeinschaft senden. Das Handelsembargo gegen Afghanistan hatte die ohnehin desolate Wirtschaftslage weiter verschärft. Die Machthaber spürten den Druck, und sie suchten ein Ventil. Sie wussten, dass die westliche Welt – wie auch die islamische – auf das Elend im Land überwiegend hilflos und gleichgültig reagierte. Die Zerstörung der Buddha-Statuen löste im Westen Empörung aus, nicht aber das Schicksal von Millionen Flüchtlingen und Perspektivlosen. Die Botschaft an den Westen, aus Sicht der Taliban: Wenn ihr solche Aktionen wie in Bamian künftig verhindern wollt, dann beendet unsere Isolation und erkennt uns als legitime Herrscher an.

Verhandelt wird nicht: 9/11 und der «Krieg gegen den Terror»

Die Reaktion der USA auf die Terroranschläge am 11. September 2001 wurden zum Auftakt eines 20 Jahre währenden Krieges, dessen Folgen für die afghanische Zivilbevölkerung kaum weniger dramatisch waren als die zehnjährige sowjetische Besatzung. Dem «Krieg gegen den Terror» lagen ideologische und machtpolitische Motive zugrunde, die weit über Afghanistan hinausreichten. Bereits in den 1990ern hatten maßgebliche neokonservative Vordenker Pläne entworfen, den Nahen und Mittleren Osten neu zu ordnen. Angefangen damit, unliebsame Regime zu stürzen und die US-Vorherrschaft in diesem Teil der Welt zu festigen. Als größter Widersacher galt damals Saddam Hussein im Irak. Infolge seines Einmarsches in Kuweit 1990, eines wichtigen Erdöllieferanten der USA, war er in Ungnade gefallen. Aber auch Syrien, der Iran oder Libyen standen im Visier der *Neocons*.

Der Neokonservatismus, der mit Präsident George W. Bush 2001 an die Macht gelangte, ist eine in den 1960ern entstandene, ursprünglich stark antikommunistisch ausgerichtete Bewegung, die Werte wie Freiheit, Demokratie, Rechtsstaatlichkeit ideologisch instrumentalisiert, um sie als Rammbock machtpolitischer Interessen einzusetzen. So soll amerikanische Hegemonie weltweit durchgesetzt und verteidigt werden, in Verbindung mit einem so weit wie möglich deregulierten, am Finanzkapital ausgerichteten

Wirtschaftssystem. Gleichzeitig waren maßgebliche Teile der US-Führung davon überzeugt, dass sie über ein Zeitfenster von nur wenigen Jahren verfügte, um Fakten auf internationaler Ebene zu schaffen – bevor andere globale Mächte auf den Plan träten und die Handlungsfreiheit Washingtons einschränkten.[2]

Bereits zwei Tage nach 9/11 war innerhalb der Führungsebene der Bush-Regierung ein Richtungsstreit entbrannt. Hardliner wie Vizepräsident Dick Cheney oder Verteidigungsminister Donald Rumsfeld plädierten dafür, als Vergeltung den Irak anzugreifen und Saddam Hussein zu stürzen. Einziger Haken: Der irakische Diktator hatte mit den Terroranschlägen nichts zu tun, auch wenn die CIA in der Folgezeit viel Energie darauf verwenden sollte, vermeintliche Verbindungen zwischen ihm und Al-Qaida nachzuweisen. Am Ende setzte sich Außenminister Colin Powell durch, der aus Gründen der besseren Dramaturgie empfohlen hatte, zunächst Afghanistan anzugreifen und dann erst, zeitversetzt, den Irak.

Afghanistan first

Die USA wollten Rache. Auch daran zu ermessen, dass die Regierung Bush ernsthaft den Einsatz von Nuklearwaffen in Afghanistan erwogen hat. Weniger humanitäre Erwägungen als vielmehr die Sorge vor den unkalkulierbaren Folgen eines Atombomben-Abwurfes in der unmittelbaren Nachbarschaft Russlands und Chinas dürften zu einer Neubewertung geführt haben.[3]

Wenngleich Afghanistan nicht Teil des ursprünglichen Beuteschemas der *Neocons* für die Neuordnung der Region nach ihren Vorstellungen war, erwies sich diese Entscheidung, *Afghanistan first*, innen- wie außenpolitisch als Glücksgriff. Alternativ den engen Verbündeten Saudi-Arabien zu bombardieren, 15 der 19 Attentäter stammten von dort, wäre für Washington ebenso wenig zielführend gewesen wie die Zerstörung Hamburgs, wo die Anschläge wesentlich vorbereitet worden waren. Juristisch hätte man für 9/11 keinen einzigen Afghanen zur Rechenschaft ziehen können, nicht einmal Mullah Omar. Doch Afghanistan, in den Worten des späteren US-Präsidenten Donald Trump wenig mehr als ein *shithole country*, war das ideale Bombenabwurf-Terrain.

Die Wendung «Krieg gegen den Terror» erwies sich als propagandistisch geschickt gewählt. Der hinlänglich bekannte Einwand, man könne gegen eine kriminelle Methode nicht Krieg führen und die Verfolgung von Straftätern sei nicht Aufgabe des Militärs, ist ebenso richtig wie sekundär. Und natürlich hat dieser Schlachtruf zur Konfrontation zwischen Nicht-Muslimen und Muslimen in westlichen Gesellschaften erheblich beigetragen: vom Generalverdacht weiter Teile der Bevölkerung gegenüber allem Islamischen über die Stärkung des Rechtspopulismus bis hin zur Dämonisierung von Widersachern des Westens, wie etwa dem Iran.

Doch entscheidend ist etwas ganz anderes. Der «Krieg gegen den Terror» wurde zum Blankoscheck für den «militärisch-industriellen Komplex» nicht allein in den USA. Zum Alibi, um in mehr als 80 Staaten der Welt einen mal verdeckten, mal offenen Krieg gegen die Widersacher der Vereinigten Staaten zu führen, im Namen der Terrorbekämpfung. Dieser Krieg hat zwischen 2001 und 2021 nach Angaben der amerikanischen Brown University mehr als 900.000 Menschenleben gefordert, die meisten im Irak und in Afghanistan, und mehr als acht Billionen US-Dollar gekostet.[4] Inoffizielle Schätzungen allerdings gehen von bis zu einer Million Toten allein im Irak aus. Im Innern erlaubte der «Krieg gegen den Terror» einen beispiellosen Feldzug zugunsten des starken Staates, der systematisch und gezielt bürgerliche Freiheitsrechte auszuhöhlen begann. In den USA wurde die Innenpolitik durch die Schaffung der Behörde Homeland Security regelrecht militarisiert. Das Gefangenenlager Guantanamo auf Kuba, wo bis heute «Terrorverdächtige» seit Jahren ohne Anklage einsitzen, wurde zum Inbegriff staatlich verordneter Rechtsbeugung; unerfreuliche Begriffe wie beispielsweise «Folter» erlebten in dem Zusammenhang ihre Orwell'sche Wiedergeburt, in diesem Fall als «intensivierte Befragung». Auch in Deutschland wurden die Sicherheitsgesetze wiederholt verschärft, gleichfalls im Namen der Terrorbekämpfung. Zu nennen ist insbesondere der 2002 dem Verfassungsschutz erteilte Freibrief, bereits auf Verdacht nahezu alle elektronischen Daten abzuschöpfen und das Postgeheimnis aufzuheben. Insoweit dergleichen Maßnahmen zeitlich begrenzt waren, wurden sie im November 2020 endgültig entfristet.

Last, but not least: Der erste Kriegsschauplatz, Afghanistan, ermöglichte den USA wie auch der NATO die militärische Expansion in die GUS-Staaten Kirgistan (Nutzung der Luftwaffenbasis Manas bis 2014) und Usbekistan (Nutzung der Luftwaffenbasis Termez bis 2015), von wo aus sie Aufklärungs-, Versorgungs- und Kampfeinsätze flogen. In beiden Ländern rückte die NATO damit Russland wie auch China ein weiteres Mal näher. Darüber hinaus beriefen sich nunmehr Diktatoren vor allem in der arabisch-islamischen Sphäre auf den Antiterror-Kampf, um ihr repressives Vorgehen gegen die jeweilige Opposition im eigenen Land zu legitimieren. Für viele Akteure also eine Win-win-Situation – mit Ausnahme natürlich, allen voran, der Afghanen und, zeitversetzt, der Iraker und der vielen anderen Todesopfer. Nicht zu vergessen des Friedens in der Welt, von Rechtsstaatlichkeit und Demokratie. Einziger Wermutstropfen für die USA: Vor allem aufgrund der exorbitanten Kosten leitete der «Krieg gegen den Terror» ihren Niedergang als alleinige globale Führungsmacht ein – zum Nutzen Russlands und vor allem Chinas.

Bereits einen Tag nach den Terroranschlägen in den USA erklärte die NATO am 12. September 2001 zum ersten und bislang einzigen Mal den Bündnisfall für gegeben, unter Berufung auf Artikel fünf der NATO-Statuten. Am selben Tag verabschiedete der UN-Sicherheitsrat die Resolution 1368. Sie bekräftigte das Recht auf Selbstverteidigung nach Terrorangriffen und bezeichnete die Anschläge als Bedrohung des Weltfriedens und der internationalen Sicherheit. Diese Resolution diente Washington wie auch die nachfolgende Resolution 1373, verabschiedet am 28. September, als Legitimation ihres Angriffskrieges auf Afghanistan, der am 7. Oktober begann. Letztere Resolution verpflichtete die Mitgliedstaaten der Vereinten Nationen zu einem gemeinsamen Vorgehen gegen den internationalen Terrorismus und bestätigte einmal mehr das Recht auf Selbstverteidigung. Aus Sicht der Regierung Bush war damit der «Krieg gegen den Terror» auf globaler Ebene abgesegnet. Die übrigen Staaten seien aufgefordert, den USA in ihrem Recht auf Selbstverteidigung wider die Terrornetzwerke beizustehen: «Wer nicht für uns ist, ist gegen uns», in den wie üblich schlichten Worten des US-Präsidenten.

Kein grünes Licht für den Angriff auf Afghanistan

Anders als von Washington und seinen Verbündeten gerne behauptet, enthält weder die eine noch die andere Resolution ein grünes Licht für den Angriff auf Afghanistan oder gar den Sturz der Taliban. Das Wort «Afghanistan» kommt in beiden Resolutionen nicht einmal vor. Die amerikanische Lesart eines völkerrechtlich sanktionierten Freifahrtscheins wird von maßgeblichen Juristen nicht oder nur eingeschränkt geteilt.[5] Aus verschiedenen Gründen, darunter die nicht unerhebliche Frage: Warum Afghanistan? Nicht ein einziger Afghane war an der Vorbereitung oder der Durchführung von 9/11 beteiligt. Warum also Afghanistan? Wieso nicht Saudi-Arabien oder Hamburg? Die Antwort darauf ist allein eine politische. Die USA haben folglich von ihrem Recht auf Selbstverteidigung auf der Grundlage übergeordneter Interessen Gebrauch gemacht, nicht im Rahmen einer konsequenten Terrorbekämpfung – immer unter der Voraussetzung, Terrororganisationen ließen sich militärisch bekämpfen oder gar besiegen.

Es hat, man kann es nicht deutlich genug hervorheben, nie ein grünes Licht der Vereinten Nationen für den Afghanistan-Krieg gegeben. Nachdem der allerdings im vollen Gange war, verabschiedeten sie zahlreiche weitere Resolutionen, vor allem zur Legitimierung diverser «Stabilisierungsmissionen» und militärischer Folgeeinsätze. Festzuhalten bleibt: Die Causa Afghanistan ist für die UN kein Ruhmesblatt. Zu leichtfertig haben sie sich, gewiss zum Teil unter dem Schock der Anschläge, den Vorgaben Washingtons gebeugt. Was vermutlich umso leichter gefallen sein dürfte, als die Taliban nahezu weltweit als *bad guys* gesetzt und wahrhaftig keine Chorknaben waren.

Diese «Geschmeidigkeit» der Vereinten Nationen sollte sich bei den propagandistischen wie politischen Vorbereitungen Washingtons und Londons für den Irak-Krieg 2003 nicht wiederholen. Da haben sich die UN verweigert, ihr Plazet für einen Angriff nicht erteilt. Beim Sturz Saddam Husseins und dem US-geführten Einmarsch in Mesopotamien konnte sich Washington daher keines Feigenblattes von höchster Stelle bedienen. Der Vollständigkeit halber sei erwähnt, dass die Entscheidung Präsident Bushs vom 7. Februar 2002, den Taliban den Kombattantenstatus abzuerkennen und damit die Geltung des Kriegsvölkerrechts einzuschränken, von Juristen, die nicht im Dienst US-naher Institutionen stehen, in aller Regel nicht gebilligt wurde. Diese Entscheidung war eine erste juristische Blaupause, der noch zahlreiche weitere folgen sollten, um Guantanamo, Entführungen – «renditions» genannt, Überstellungen – und die Anwendung von Folter im «Krieg gegen den Terror» zu rechtfertigen.

Unmittelbar nach den Terroranschlägen forderte Präsident Bush die Taliban auf, Osama bin Laden auszuliefern. Obwohl nicht zuletzt der ISI auf Mullah Omar einwirkte, dieser Forderung nachzukommen, blieb der bei seinem schon 1998 gefassten Entschluss, das nicht zu tun. Rückblickend war das sein wohl größter Fehler, möglicherweise einer profunden Unkenntnis amerikanischer Politik und der militärischen Schlagkraft der USA geschuldet. Allerdings hätte es auch keine Gewissheit gegeben, dass Washington nicht trotzdem angreift, nach erfolgter Auslieferung. Ein Vorwand lässt sich immer finden, und zu dem Zeitpunkt waren die geostrategischen Weichen längst neu gestellt.

Zur Wahrheit gehört jedoch ebenso, dass es hinter den Kulissen wiederholt Kontakte und Gespräche in Sachen bin Laden gegeben hat, an verschiedenen Orten. So angeblich auch zwischen US- und Taliban-Vertretern 1999 in Frankfurt/Main. Demzufolge waren die Taliban bereit, ihn in Afghanistan vor ein Scharia-Gericht zu stellen. Darüber hinaus hat der Außenminister der Taliban, Wakil Ahmed Muttawakil, vor 9/11 Kontakt zum US-Generalkonsul in Peshawar wie auch zu Vertretern der Vereinten Nationen in Kabul aufgenommen und sie gewarnt, dass Al-Qaida einen verheerenden Schlag gegen die Vereinigten Staaten vorbereite. Muttawakil trieb die Sorge um, dass die amerikanische Vergeltung sein Land zerstören würde.[6] Doch die Amerikaner sollten diese Warnung ignorieren – was nicht den Taliban anzulasten ist.

Am 7. Oktober 2001 begannen die USA und ihre zu dem Zeitpunkt wichtigsten Verbündeten Großbritannien, Kanada und Australien unter dem Label «Enduring Freedom» (Dauerhafte Freiheit) den Afghanistan-Krieg, der erst am 15. August 2021 enden sollte: das längste militärische Engagement Washingtons aller Zeiten, noch vor dem Vietnam-Krieg. Fast einen Monat lang bombardierte vor allem die US-Luftwaffe die paschtunischen Gebiete Afghanistans ohne Rücksicht auf Verluste. Dabei setzte sie auch die berüchtigten Daisy Cutter-(Gänseblümchen-Schneider-)Bomben ein, die sieben Tonnen wiegen, und probierten auch neue Waffen aus, darunter «thermobare» Bomben, die großflächig Luft ansaugen, sie mit Benzin vermengen und anschließend als Feuerteppich niedergehen. Dabei sollen bis zu 8000 Afghanen getötet worden sein, die meisten von ihnen Dorfbewohner. Hinzu kamen, wie zu Sowjetzeiten, Kampfhubschrauber, die im Tiefflug das Feuer auf wen auch immer eröffneten. Im Zweifel wohl auf jeden, der sich bewegte. Angesichts der tödlichen Bilanz und der verheerenden öffentlichen Wirkung drängten der pakistanische Staatschef Pervez Musharraf, aber auch nah- und mittelöstliche sowie europäische Regierungen darauf, die Bombenkampagne einzustellen, was vorübergehend auch geschah.

Parallel zu den Luftangriffen rückte die Nordallianz, der Zusammenschluss nicht-paschtunischer, vor allem tadschikischer Warlords, auf Kabul vor. Unterstützt wurden sie dabei von US-Elitetruppen. Am 13. November marschierten die nordafghanischen Kämpfer in der Hauptstadt ein, sehr zum Ärger der Amerikaner, die fotogen mit eigenen Soldaten als «Befreier» einrücken wollten – in Szene gesetzt für die Heimatfront. Die Taliban lieferten sich einige Rückzugsgefechte mit der Nordallianz, erkannten aber wohl, dass sie der amerikanischen Luftüberlegenheit nichts entgegenzusetzen hatten. Letztendlich taten sie das einzig Vernünftige und flüchteten nach Pakistan oder kehrten zunächst in ihr altes Leben in Afghanistan zurück, als Subsistenz-Bauern, Kleinhändler oder Tagelöhner.

Das militärische Vorgehen und der Sturz der Taliban mussten natürlich, ähnlich wie später im Irak, von einem politischen Prozess begleitet werden, um ein neues, pro-westliches Regime in Kabul zu installieren. Der erste Schritt in diese Richtung war die Petersberger Afghanistan-Konferenz (27. November bis 5. Dezember 2001). Diese Konferenz bei Bonn, unter der Ägide der Vereinten Nationen und auf Einladung der Bundesregierung, verständigte sich auf einen Fahrplan zum politischen Neuanfang. Die größte Delegation stellte die tadschikisch dominierte Nordallianz. Unter den Paschtunen waren die Exil-Monarchisten um König Zahir Schah am stärksten vertreten, der 1973 gestürzt worden war und seither in Italien lebte.

Allein diese Kombination hätte bereits Alarmsignale auslösen müssen. Wann hatten Nicht-Paschtunen jemals die Macht in Kabul inne, seit 1747? Für einige Wochen in den 1920ern, im Umfeld des Sturzes von König Amanullah. Zu kommunistischen Zeiten unter Babrak Karmal (1979–1987) waren sie maßgeblich in Führungspositionen vertreten. Wie konnte man vor diesem geschichtlichen Hintergrund auf die Nordallianz als Garanten für einen Neuanfang setzen? In Kombination mit einer historisch überlebten Monarchie auf Seiten der Paschtunen? Positiv ist zu vermerken, dass einige der übelsten Warlords nicht geladen waren. Darunter Burhanuddin Rabbani, formal der Präsident Afghanistans. Er hatte nicht die Absicht, von seinem Amt zurückzutreten, tat es aber doch, kurz nach dem Treffen auf dem Petersberg. Grund zur Klage sollten dergleichen Menschenschinder jedoch nicht haben – sie machten sich als Hilfssheriffs Washingtons vor Ort schnell unentbehrlich.

«Die Ursünde»

Der entscheidende Fehler allerdings war, die Taliban nicht in die geplante Neuordnung einzubeziehen – obwohl sie ihre Bereitschaft signalisiert hatten, an der Konferenz teilzunehmen. Egal, was die westliche Welt von ihnen halten mochte: Sie waren die mit weitem Abstand stärkste gesellschaftliche Kraft in Afghanistan. Der Preis für diese Ausgrenzung war unendlich viel höher, als es der Versuch gewesen wäre, sie politisch einzuhegen. Der algerische Diplomat Lakhdar Brahimi, der die Vereinten Nationen bei dieser Konferenz vertrat, bezeichnete diesen Ausschluss der Taliban von der politischen Neuordnung später als «die Ursünde».

Jedenfalls verständigten sich die Teilnehmer darauf, eine Übergangsregierung einzusetzen, dominiert von Tadschiken und königstreuen Paschtunen. Zwei außerordentliche *Loya Jirga* (Große Ratsversammlungen) sollten die nachfolgende Übergangsphase begleiten, eine neue Verfassung ausarbeiten und freie Wahlen vorbereiten. Den Vorsitz der Übergangsregierung übernahm der Paschtune Hamid Karzai, der 2004 erwartungsgemäß zum Präsidenten gewählt und 2009 im Amt bestätigt wurde, wenngleich unter Zuhilfenahme massiver Wahlfälschung. Gleichzeitig erhielt ein internationales Truppenkontingent, zunächst formal den Vereinten Nationen unterstellt, de facto den USA und später der NATO, das UN-Mandat, die Übergangsphase militärisch abzusichern. Unter dem Namen Internationale Sicherheitsunterstützungstruppe, besser bekannt als International Security Assistance Force, ISAF.

Die rot-grüne Bundesregierung unter Kanzler Gerhard Schröder (SPD) beschloss, abgesegnet durch zwei Abstimmungen im Bundestag im November und im Dezember, die Bundeswehr sowohl an der Operation Enduring Freedom wie auch am ISAF-Einsatz zu beteiligen. Dass es sich dabei um Kriegs- und Kampfeinsätze handelte, wurde der Öffentlichkeit bestenfalls unterschwellig vermittelt. Stattdessen hieß es, die Bundeswehr bohre in Afghanistan Brunnen oder ermögliche Mädchen den Schulbesuch. Legendär ist der Ausspruch von Verteidigungsminister Peter Struck (SPD): «Unsere Sicherheit wird auch am Hindukusch verteidigt». Die offizielle Sprachregelung für die Tätigkeit der Bundeswehr in Afghanistan lautete «Stabilisierungseinsatz». Der Erste, der das unschöne, aber deutlich realistischere Wort «Krieg» verwendete, war Verteidigungsminister Karl-Theodor zu Guttenberg (CSU). Im November 2009 sprach er von «kriegsähnlichen Zuständen» im Einsatzgebiet der Bundeswehr in Nordafghanistan. Im April 2010, nach dem Tod von drei deutschen Soldaten, sagte er, man könne die Lage in Afghanistan «umgangssprachlich als Krieg» bezeichnen. Noch etwas später nannte er das Kind endgültig beim Namen: «Krieg». Damit hatte er nichts weniger als ein Tabu gebrochen und erntete einen politisch-medialen Shitstorm. Nicht Wahrheitsliebe allerdings hatte Guttenberg umgetrieben, sondern die nüchterne Faktenlage: die anhaltenden Verluste der Bundeswehr.

Dergleichen Wortklaubereien sind Auswuchs der hiesigen Einstellung zu Auslandseinsätzen. Sie besagt, kurz gefasst: Die Anwendung militärischer Gewalt ist moralisch durchaus fragwürdig. Doch manchmal ist sie unumgänglich, etwa zur Gefahrenabwehr für die eigenen Bürger. Um einen militärischen Einsatz, den als «Krieg» zu bezeichnen grundsätzlich abwegig wäre, ins rechte Licht zu rücken, muss der Westen, muss Deutschland in dem Land, in dem die Bomben fallen, den eigenen untadeligen Ansprüchen genügen und beim Wiederaufbau helfen. Das schließt den Aufbau demokratischer Strukturen nach unseren Vorstellungen ausdrücklich mit ein – und sei es als Fassade. Die Faktenlage ist dabei zweitrangig und wird im Zweifel ignoriert. Ebenso der Wille der eigenen Bevölkerung: Während zu Beginn der deutschen Afghanistan-Mission 2002 noch eine Mehrheit der Bundesbürger dem Einsatz zustimmte, hat 2009 Umfragen zufolge nur noch knapp ein Drittel der Befragten dessen Fortsetzung befürwortet. [7]

Dessen ungeachtet haben die Abgeordneten im Bundestag der Verlängerung des Bundeswehr-Mandats für Afghanistan Jahr um Jahr stets mit deutlicher Mehrheit zugestimmt. Zuletzt im März 2021, bei einer Laufzeit bis Februar 2022 – zu einem Zeitpunkt, als längst abzusehen war, dass die Amerikaner aus Afghanistan abziehen würden. Deren Abzugsplan verkündete Präsident Biden wenig später, im April. Deadline war zunächst der 11. September 2021, dann der 31. August. Die US-Regierung hatte es nicht für nötig befunden, die Verbündeten darüber vorab zu informieren. Von ihrem hohen moralischen Ross durfte die Bundesregierung anschließend ganz alleine wieder absteigen. Schaden genommen hat sie dabei nicht – das hätte nicht zuletzt eine kritische Berichterstattung in den Medien vorausgesetzt. Vorsichtshalber fand das Thema Außenpolitik in den TV-Showläufen zur Bundestagswahl im September, etwa in den «Triellen», kaum statt – jenseits klarer Bekenntnisse zur NATO. Ob die verantwortlichen politischen Akteure und ihre Amtsnachfolger aus dem Debakel lernen, bleibt abzuwarten.

Verblendung und schlichte Dummheit

Die USA hatten mit dem rapiden Zusammenbruch der Taliban-Herrschaft nicht gerechnet. Der militärische Erfolg war aus amerikanischer Sicht überwältigend. Zwischen Oktober 2001 und März 2002 sind lediglich zwölf US-Soldaten ums Leben gekommen, die meisten durch versehentlichen Beschuss aus den eigenen Reihen. Im selben Zeitraum wurden 15.000 Taliban getötet oder gefangen genommen. Nur von Osama bin Laden fehlte jede Spur. Bereits im November 2001 nahmen Führer der Taliban erstmals Kontakt zum designierten Präsidenten Hamid Karzai auf, um einen Deal zu machen: Sie ergeben sich und erhalten im Gegenzug Immunität. Kuriere pendelten zwischen Karzai und Mullah Omar. Washington aber, in der irrigen Annahme, man könne die Taliban ein für alle Mal auslöschen, war an einer diplomatischen Lösung nicht interessiert. «Die Vereinigten Staaten verspüren keine Neigung, über Kapitulationen zu verhandeln», erklärte US-Verteidigungsminister Donald Rumsfeld damals. Und fügte hinzu, die USA wollten Mullah Omar entweder «töten oder gefangen nehmen».[8]

Bis 2004 haben verschiedene Gruppen Taliban Präsident Karzai signalisiert, sie seien weiterhin zum Dialog bereit. Die Menschenrechtsorganisation Human Rights Watch hat das an einem Beispiel illustriert: «Anfang 2002 haben sich ehemalige Taliban an ... Karzai gewandt. Sie boten an, ihre Waffen niederzulegen und die Regierung anzuerkennen. Stattdessen ... wurden sie ins Gefängnis geworfen und vom National Directorate of Security (NDS) gefoltert. Dieser Geheimdienst war nach dem Sturz der Taliban von der CIA geschaffen worden. Andere, die auch nur im Verdacht standen, Kontakte zu den Taliban zu unterhalten, wurden in NDS-Gefängnissen oder *black sites* der CIA zu Tode gefoltert. Einige endeten in Guantanamo.» Wer freigelassen wurde oder wem die Flucht gelang, schloss sich nach solchen Erfahrungen dem bald darauf erfolgenden Aufstand der Taliban an.[9]

Darüber hinaus ließ die Regierung Bush fast die gesamte Taliban-Führung auf die Terrorliste setzen und schloss damit für lange Zeit alle Türen in Richtung Verhandlungen. Ein schwerwiegender strategischer Fehler, der sich Hybris und einer profunden Ahnungslosigkeit gegenüber den Verhältnissen im Land verdankte. Mit Sicherheit hat kaum jemand in Washington bedacht oder gewusst, dass es zu den paschtunischen Stammestugenden gehört, eine Niederlage als Niederlage anzuerkennen, sich mit der siegreichen Seite zu arrangieren und ins Benehmen zu setzen – ihre Vorherrschaft letztendlich anzuerkennen. Geblendet von den ersten militärischen Erfolgen glaubte die Bush-Administration offenbar, die Verhältnisse seien ein für alle Mal geklärt.

Mit anderen Worten: Der gesamte Afghanistan-Krieg hätte vermieden werden können, hätten die entscheidenden westlichen Akteure besonnener gehandelt. Stattdessen legten sie bereits die Saat für das Scheitern der westlichen Militärpräsenz am Hindukusch, bis hin zur Niederlage der NATO 2021 – von den laut der US-amerikanischen Brown University 241.000 getöteten Afghanen (und Pakistaner), ein Drittel von ihnen Zivilisten, ganz zu schweigen.[10] (Inoffizielle Angaben zu den Opferzahlen belaufen sich auf bis zu 300.000, teilweise noch mehr. Die Differenz erklärt sich nicht zuletzt aus der unterschiedlichen Zählweise von NATO und anderen Stellen. Die Zahl der getöteten Zivilisten dürfte entsprechend deutlich höher liegen, als von der Brown University angegeben.) Die von Lakhdar Brahimi gegeißelte «Ursünde» wurde nunmehr Staatsräson, auch infolge der ebenfalls unklugen und sachlich nicht gebotenen Gleichsetzung der Taliban mit Al-Qaida. Aus Sicht Washingtons waren beide amerikafeindliche Terrororganisationen, Punkt. Die erfolgversprechendste Methode, Osama bin Ladens habhaft zu werden, hätte wahrscheinlich darin bestanden, die Taliban in die Suche einzubinden, als Teil eines größeren Deals.

Unter den vielen Fehlern der USA wie auch der NATO in Afghanistan stechen zwei hervor. Zum einen die Annahme, eine von außen installierte Marionettenregierung hätte Dauer und Bestand. Zum anderen hat sich niemand bemüßigt gefühlt, weder in Washington noch bei der NATO in Brüssel oder etwa in Berlin, ein klares Kriegsziel zu benennen. Worum ging es denn in Afghanistan? Terroristen jagen? Regimewechsel? Nation Building? Oder, später dann, um einen «Stabilisierungseinsatz»? Und was bedeutet das konkret? Eine unfähige und bis in die Knochen korrupte Regierung zu alimentieren, deren Einfluss kaum über Kabul hinausreichte? Oder ging es darum, schlecht bezahlte afghanische Soldaten und Polizisten auszubilden, als Puffer und Kanonenfutter gegen die Taliban? Um bloß nicht mit ihnen zu verhandeln?

Die entscheidende militärische Kraft vor Ort waren die USA. Der NATO hätte Washington für seine Ziele nicht bedurft, doch erhöhte die Präsenz von Truppen aus fast 50 Staaten im Rahmen der ISAF die Legitimität des amerikanischen Vorgehens. Womit die Sinnfrage freilich nicht beantwortet war. Auch nicht die nach dem Zeitrahmen des Einsatzes. Umso erstaunlicher (und bezeichnender), dass die politisch Verantwortlichen aus mehreren Dutzend Ländern der westlichen Hemisphäre offenbar wie die Lemminge den Vorgaben der Weltmacht gefolgt sind. Im Zweifel auf ihren eigenen Vorteil bedacht, ohne sich dem Naheliegenden zuzuwenden, öffentlich schon gar nicht: Warum? Wozu? Wie lange?

Ein Haus, vom Dach her gebaut

Die (Übergangs-)Regierung unter Hamid Karzai, Angehöriger eines Unterstammes der Durrani, protegiert von ISI und CIA, konnte zu keinem Zeitpunkt die westlichen Erwartungen erfüllen. Afghanistan hatte nie eine starke Zentralregierung mit Einfluss im gesamten Land. Die Familie, der Clan, das Dorf, der Stamm, die ethnische und sprachliche Zugehörigkeit sind für die Identität der meisten Afghanen prägend, nicht die Nation oder eine nationale Identität. Die Machtstrukturen im Land sind daher nicht auf Kabul, nicht auf ein Zentrum hin ausgerichtet. Wie konnten die westlichen Regisseure hinter der politischen Neuordnung ernsthaft annehmen, eine von ihnen eingesetzte Regierung aus Mafiosi, Gewalttätern und Bankrotteuren könne jemals Stabilität erlangen? Flankiert von einer ganzen Armada an Hilfs- und Entwicklungsorganisationen? Legitimiert mittels Wahlfälschungen, deren Umfang selbst dem weißrussischen Machthaber Lukaschenko Respekt abnötigen dürfte? Nicht ohne Grund galten die Präsidenten Hamid Karzai und sein Nachfolger Ashraf Ghani vielen Afghanen lediglich als «Bürgermeister von Kabul».

Das neue, westlich installierte Regierungssystem, beseelt von neo-kolonialem Geist, wenngleich demokratisch gefiltert, war ein vom Dach her gebautes Haus, ohne tragfähiges Fundament. Qualitativ unterschied sich die Herrschaft der sowjetischen Statthalter Karmal und Najibullah nur unwesentlich von jener der westlichen Karzai und Ghani. Kaum Einfluss über die Hauptstadt hinaus, politisch nicht lebensfähig ohne die Unterstützung der maßgeblichen Ordnungsmacht, die in erster Linie militärisch und geheimdienstlich agierte. Schon unter friedlichen Bedingungen haben *top down*-Modernisierungsansätze in Afghanistan nie funktioniert – auch dann nicht, wenn sie geboten erschienen, etwa um die Benachteiligung und Rechtlosigkeit von Mädchen wie Frauen zu überwinden.

Eine Pointe am Rande: Westliche Politiker und Kommentatoren haben die Einrichtung eines Frauenministeriums, wie auf dem Petersberg beschlossen, überschwänglich begrüßt. Doch handelte es sich dabei um bloßen Symbolismus, der Karzai nichts abverlangte, ihm jedoch positive Publicity bescherte. Bewirkt hat das wesentlich aus deutschen Geldern finanzierte Frauenministerium kaum etwas, weder wurde es in Kabul ernst genommen noch verfügte es über Einfluss. Der vorherrschende Konservatismus in Frauenfragen verlangte seinen Tribut. Laut Verfassung von 2004 darf «kein Gesetz ... in Afghanistan mit der geheiligten Religion des Islam und den Werten dieser Verfassung in Widerspruch stehen». Um das zu gewährleisten, wurde unter anderem ein Mediengesetz verabschiedet, das zahlreiche Zensurbestimmungen enthielt. So war es Journalisten und Journalistinnen ausdrücklich untersagt, die Lage von Frauen in muslimischen Gesellschaften zu thematisieren. Bei Zuwiderhandlungen drohten Gefängnisstrafen wegen Blasphemie. Die letzten bekanntgewordenen Verurteilungen in dem Zusammenhang erfolgten 2009.

Das westliche Narrativ, die politisch-mediale Wahrnehmung des Krieges in Afghanistan kreiste um hehre Begriffe wie Demokratie, Frauenrechte, Mädchenschulen, eine bessere medizinische Versorgung, Brunnenbohren – rhetorische Bausteine der Selbstdarstellung. In Wirklichkeit haben die USA vor allem zwei Ziele verfolgt. Zunächst einmal Rache zu üben und Terroristen zu jagen, ohne den Begriff je konkretisiert zu haben. Jenseits aller Schönrednerei haben die Amerikaner von Anfang an großflächig bombardiert, parallel jeden zum Abschuss freigegeben, der ihren Vorstellungen eines Terroristen entsprach.

Darüber hinaus suchte Washington so schnell wie möglich klare Verhältnisse zu schaffen, um das nächste Land in die Freiheit zu führen, den Irak. Deswegen wurden die ersten US-Soldaten bereits im April 2002 wieder aus Afghanistan abgezogen, bei einer Truppenstärke von gerade einmal 7000 Mann. Durch die Anwendung exzessiver Gewalt hoffte man offenbar, ein solches Ausmaß an Furcht und Schrecken zu verbreiten, dass sich die Bevölkerung resigniert der Regierung Karzai zuwendet.

Dessen ungeachtet war die Regierung Bush auch weiterhin bemüht, die «Herzen und Köpfe» der Afghanen zu gewinnen – ein bemerkenswerter Double Bind. Und es galt, der amerikanischen Bevölkerung die richtige Botschaft zu vermitteln: Wir sind die Guten. Das illustriert die folgende Episode. Unmittelbar nach Kriegsbeginn im Oktober 2001 warfen amerikanische Flugzeuge innerhalb weniger Tage 2,5 Millionen kleine, handliche, gelbe Lebensmittelpäckchen über den hungerleidenden ländlichen Gebieten ab, HDR genannt, die englische Abkürzung für menschliche Tagessrationen. Damit wollte man signalisieren: Wir kommen als Freunde. Auf CNN sah das gut aus, und die Aktion schien den Eindruck zu bestätigen, dass dieser Krieg in erster Linie humanitären Impulsen geschuldet war, neben der Terrorjagd.

Es gab da allerdings ein Problem, jedenfalls für Marketing-Profis. Diese handflächengroßen Notrationen hatten dieselbe Farbe und fast dasselbe Aussehen wie die kleinsten Bestandteile jener Streubomben, die leicht zeitversetzt über dem Land niedergingen. Jeder, der die berührte oder aufhob, löste eine Explosion aus, die entweder sofort tötete, vor allem Kinder, oder aber schwere Verletzungen auslöste, die oft mit dem Verlust von Beinen und Armen einhergingen. Das Pentagon reagierte und änderte die Farbe der HDR-Päckchen von Gelb auf Blau. General Richard Myers,

Vorsitzender des Vereinigten Generalstabs, räumte das Dilemma ein: «Leider haben sich die Afghanen daran gewöhnt, der Farbe Gelb hinterherzulaufen.»

Informationen wie diese, eigentlich nicht für die Öffentlichkeit bestimmt, verdanken sich dem «Afghan War Diary» (Tagebuch des Afghanistan-Krieges), das WikiLeaks 2010 ins Netz stellte. Daraus geht auch hervor, wie verärgert Washington darüber war, dass die Regierung Karzai 2008 die UN-Konvention gegen den Einsatz von Streumunition (Convention on Cluster Munitions, CCM) unterschrieben hatte. Die USA lehnen jedes Verbot von Streumunition wie auch Landminen ab, mit der in dem Fall üblichen Begründung, sie dienten dem Schutz eigener Soldaten. Die vom Pentagon empfohlene Methode zum Umgang mit der Regierung Karzai in dieser Frage: Druck auf sie ausüben – mit dem Ziel, auch weiterhin ungestraft Streubomben abwerfen zu können.

Während die USA bereits im Frühjahr 2002 glaubten, die Lage in Afghanistan sei unter Kontrolle, und sich dem Irak zuzuwenden begannen, formierten sich zur selben Zeit die ersten Taliban-Gruppen vor allem im Süden des Landes. Schätzungen zufolge um die 3000 Mann, organisiert in Schuras, Ratsversammlungen. Im Grunde mussten sie nicht viel mehr tun als abzuwarten – die NATO-Kriegsführung war dermaßen brutal und tödlich, dass der Wunsch nach Vergeltung mit jedem Tag wuchs. Nächtliche Überfälle auf Dörfer, bei denen auch Frauen und Kinder erschossen oder standrechtliche Erschießungen Unschuldiger vorgenommen wurden, anhaltende Luftangriffe, bei denen nicht zuletzt Hochzeitsgesellschaften oder Beerdigungen ins Visier gerieten. Ferner ein grassierendes Denunziantentum von lokalen Kollaborateuren der Amerikaner, die unliebsame Konkurrenten aus dem Weg zu räumen suchten oder alte

Rechnungen beglichen. Es reichte, wenn sie ihre Widersacher bezichtigten, Al-Qaida oder den Taliban anzugehören. Für die Betroffenen bedeutete das meist den sicheren Tod oder die *rendition* in Richtung Guantanamo, alternativ in eines der vielen brutalen Foltergefängnisse in Afghanistan, deren berüchtigtstes sich auf der US-Luftwaffenbasis Bagram bei Kabul befand.

Der Aufstand beginnt

Wie viele Afghanen bei dergleichen Aktionen den Tod fanden, ist nicht bekannt. Einen *body count* getöteter afghanischer Zivilisten seitens der NATO gab es erst ab 2009. Die Zählweise grenzte allerdings ans Absurde. Ein umgebrachter Afghane galt erst dann als Zivilist, wenn drei «unabhängige Beobachter» bestätigten, dass er kein Kämpfer war. Wo aber hätten die herkommen sollen, unter Kriegsbedingungen in entlegenen Gebieten? Entsprechend dürfte nur ein Bruchteil getöteter Zivilisten erfasst worden sein. Doch sind die Zahlen so gering wohl nicht ausgefallen, denn der Widerstand gegen die Besatzung wuchs unaufhörlich und mit ihm der Zulauf der Taliban. Der Terror, den namentlich die USA in Afghanistan verbreiteten, erzeugte im Gegenzug ebenjenen Terror, den zu bekämpfen der «Krieg gegen den Terror» vorgab. Eine Gewaltspirale, an der die Rüstungsindustrie glänzend verdiente.

Doch es lief nicht, wie es sollte. Mochte Präsident Bush im Mai 2003 auch behaupten: «Wir haben die Taliban vernichtet», wuchsen an anderer Stelle die Zweifel. Die Sicherheitslage im Süden und Osten Afghanistans, den Hochburgen der Taliban, hatte sich deutlich verschlechtert. Zunehmend verlagerte sich die US-Kriegsführung von der Jagd auf «Terroristen» in Richtung Aufstandsbekämpfung.

In der zweiten Hälfte 2003 sah sich die US-Armee veranlasst, drei größere Militäroffensiven – und noch zahlreiche weitere kleinere – durchzuführen: Operation Mountain Viper (Gebirgs-Viper), Operation Mountain Resolve (Entschlossenheit im Gebirge) sowie Operation Avalanche (Lawine). Um die alpinen Metaphern fortzuspinnen, folgten Anfang 2004 die Operationen Mountain Blizzard und Mountain Storm. Die Namen deuten an, dass die Amerikaner die Bedeutung der Topografie Afghanistans für die Bekämpfung des Widerstandes auf die harte Weise kennenlernten – wie vor ihnen die Sowjets und die Briten.

Im März 2003 griff eine US-geführte Militärkoalition den Irak an. Afghanistan fiel in der amerikanischen Wahrnehmung zurück – kein Nachteil für die Taliban, die sich nun auch militärisch neu formierten. Im Mai kündigten sie erstmals an, als Antwort wohl auf Präsident Bush, die westlichen Besatzer und die von ihnen eingesetzte Regierung mit Hilfe eines Guerillakrieges zu verjagen. Unter Führung von Mullah Omar begann im Sommer desselben Jahres der Aufstand. Dabei änderten die Taliban ihre Strategie, die deutlich brutaler ausfiel als zuvor. Erstmals setzten sie Selbstmordattentäter ein, ermordeten oder entführten sie Regierungsbeamte ebenso wie westliche Kollaborateure unter den Dorfältesten, suchten sie die Präsidentschaftswahlen 2004 nach Kräften zu sabotieren. Auch afghanische Polizisten oder Soldaten im Dienst der Regierung gerieten ins Visier der Taliban. Die Amerikaner reagierten mit weiteren Militäroperationen, bekamen die Lage aber nicht in den Griff.

Warum nicht, erhellen Episoden wie die folgende. In der Provinz Kandahar, einer Hochburg der Taliban, setzten die Amerikaner 2003 Asadullah Khalid als Gouverneur ein. Zuvor war er in dieser Funktion in einer anderen Provinz tätig gewesen. Zu seiner Regierungsführung gehörten Folter,

Mord und Vergewaltigung. Khalid stand auf der Gehaltsliste der CIA und wurde später Verteidigungsminister. In Kandahar sorgte er für die Einrichtung und den Betrieb geheimer Folterzellen. Dabei stimmte er sich eng mit seinem Amtsvorgänger Gul Agha Sherzai ab, einem einflussreichen Stammesführer in Kandahar mit besten Beziehungen zu den Amerikanern und bekannt für seine Korruption. Sherzai soll ein ganzes Netzwerk aus Wegelagerern angelegt haben, die in Gestalt von Polizei-Checkpoints Geld erpressten. Ferner wird ihm vorgeworfen, Gelder aus Wiederaufbau-Programmen unterschlagen und im Drogenhandel tätig gewesen zu sein. Politische Rivalen ließ er foltern oder umbringen. Einer US-Studie zufolge soll er rund 300 Millionen US-Dollar in den nicht einmal zwei Jahren seiner Amtszeit in Kandahar an sich gerissen haben.[11] Später wurde Sherzai Gouverneur der Provinz Nangarhar, wo er mit verbündeten Stämmen in solchem Umfang Landraub betrieb, dass daraus ein regionaler Bürgerkrieg erwuchs – gewissermaßen ein Krieg im Krieg. Auf die Weise entstand dort ein Machtvakuum, das 2015 zum Einfallstor des Islamischen Staates in Afghanistan wurde, Todfeinden der Taliban.

Gemeinsam setzten Khalid und Sherzai einen ihrer Protegés als Leiter der Grenzpolizei und später der Polizei ein, Abdul Raziq. Obwohl dem Mann zahlreiche Gräueltaten vorgeworfen wurden, darunter Folter, Verstümmelung, Mord und das spurlose Verschwindenlassen mehrerer Hundert Menschen, ging er in NATO-Kreisen ein und aus. Sie schätzten ihn, weil sie wohl glaubten, seine Brutalitäten erhöhten die Sicherheit ihrer eigenen Patrouillen in Kandahar. Allen Versuchen, Abdul Raziq juristisch zur Rechenschaft zu ziehen, widersetzten sich die USA wie auch die NATO. 2018 starb er bei einem Anschlag der Taliban.[12] Vor solchem Hintergrund: Wo waren in Afghanistan die Guten, wo die Bösen?

Die Traumfabrik greift ein

Ihre erste sichtbare und vor allem auch symbolisch wirkmächtige Niederlage erlebten die Amerikaner im Juni und Juli 2005, im Verlauf der Operation Red Wings (Rote Flügel). Offiziell um die Parlamentswahlen im September abzusichern, griffen US-Spezialeinheiten die Provinz Kunar an, nordöstlich von Jalalabad, an der Grenze zu Pakistan. Ihr Ziel: Eine Taliban-Gruppe unter Führung des gefürchteten Kommandanten Ahmed Schah. Ein Spähtrupp aus mehreren Navy SEALs, einer als legendär geltenden Eliteeinheit, abgesetzt von einem Hubschrauber, sollte die Gruppe ausspähen und unschädlich machen. Allerdings gerieten die Soldaten in ein schweres Gefecht und wurden bis auf einen getötet. Der Hubschrauber, der den letzten Überlebenden bergen sollte, wurde abgeschossen. Alle Insassen starben. Drei Wochen brauchten die Amerikaner, um die 19 Toten und den letzten Überlebenden zu bergen, immer wieder Angriffen ausgesetzt. Ahmed Schah zog sich zwischenzeitlich nach Pakistan zurück und wurde zum Volkshelden. Im Grunde enthält diese Episode bereits eine wesentliche Erklärung für die Chancenlosigkeit der NATO. Auf der einen Seite eine hochgerüstete Armee, auf der anderen Sandalenkrieger, die ihr Handwerk verstehen, das Gelände kennen und in der einheimischen Bevölkerung jederzeit untertauchen oder nach Pakistan ausweichen können.

Dass Hollywood amerikanische Militärmissionen lieber heroisch verklärt als kritisch begleitet – Ausnahmen bestätigen die Regel –, ist bekannt. Gefragt ist das Heldenepos, so auch hier. *Lone Survivor* (2013) erzählt die Geschichte des einzigen Überlebenden der Operation Red Wings als Actionfilm, der «die soldatische Kameradschaft geradezu religiös» verkläre und die Soldaten zu «gepeinigten Märtyrern» stilisiere, wie der katholische Filmdienst befand – Propaganda für die Heimatfront. Interessant ist das Ende: Der schwer verwundete Überlebende trifft auf Dorfbewohner, die ihn versorgen und vor den Taliban beschützen. Sie informieren die Amerikaner über dessen Aufenthaltsort, so dass er gerettet werden kann. Ob Navy SEAL oder einfacher Afghane: beide sind sie vereint im Kampf gegen den Terror.

Der Film erinnert an *Black Hawk Down* (2001), der die Geschichte von US-Elitesoldaten im somalischen Mogadischu erzählt. Im Dienst der Vereinten Nationen suchen sie die Versorgung notleidender Menschen mit Hilfsgütern sicherzustellen und werden dadurch zu Feinden eines skrupellosen Warlords. Ein Kampfhubschrauber des Typs Black Hawk wird im weiteren Verlauf abgeschossen, die Insassen einer nach dem anderen getötet. Doch auch in diesem Fall lebt ihr Vermächtnis weiter, im Widerstand gegen das Böse, das stets aus fanatisierten Einheimischen besteht. Und wenn ein US-Soldat mal über die Stränge schlägt, wie im Film *American Sniper* (2014), in dem ein allzu schießfreudiger GI allzu viele Iraker als Heckenschütze tötet – dann vor allem deswegen, weil der Krieg ihn traumatisiert hat. In erster Linie natürlich der Terror der Saddam-Schergen.

Amerikanische Soldaten als Helden im Kampf für die Freiheit, die sie selbstlos in Länder tragen, von denen die meisten ihrer Landsleute kaum wissen dürften, wo genau sie liegen. Eine Fortschreibung des Western-Genres: der weiße Pionier, der das Land den Wilden entreißt und der Zivilisation den Weg bereitet.

Fast ein Country-Song: Warlords, Drohnen und Hollywood erschaffen eine schöne, neue Welt

2005 spätestens wurde den maßgeblichen US- und NATO-Militärs klar, dass sie die ländlichen Gebiete Afghanistans nicht kontrollieren konnten. Zum einen, weil Tausende US-Soldaten in Richtung Irak abgezogen worden waren. Zum anderen, weil die brutale Kriegsführung der westlichen Verbündeten erhebliche Teile der paschtunischen Landbevölkerung in die Arme der Taliban trieb, auf der Suche nach Rache und Vergeltung. Die Bush-Administration hat sich kaum für Afghanistan interessiert, weder für die dortige Kultur, Geschichte, Religion noch sonstige Begebenheiten. US-Verteidigungsminister Donald Rumsfeld und sein Umfeld waren überzeugt, man könne dort kurzen Prozess machen, einen zeitlich eng begrenzten und nach außen hin sauberen Krieg führen, die Taliban stürzen und eine auf dem Petersberg zusammengetrommelte Truppe nach Kabul einfliegen, die von einer begeisterten Bevölkerung dankbar empfangen wird. Ende gut, alles gut: Fortsetzung folgt, im Irak.

Noch im August 2004 hatte Rumsfeld erklärt: «Es ist völlig ausgeschlossen, dass wir in Afghanistan militärisch besiegt werden könnten.» Doch allein eine solche Aussage zu tätigen bedeutet ja, dass die Frage offenkundig im Raum stand. Aus gutem Grund: Vor allem die Selbstmordattentate und die am Straßenrand deponierten Sprengsätze verfehlten ihre Wirkung nicht. Der Aufstand gegen die Besatzer nahm immer mehr an Fahrt auf. «Der Wendepunkt kam Ende 2005/Anfang 2006. Da haben wir endlich begriffen, dass wir es mit einer Aufstandsbewegung zu tun hatten mit dem Potential, uns in die Knie zu zwingen», zitiert die *Washington Post* einen ungenannt bleibenden Beamten der Bush-Administration in den von ihr zusammengestellten «Afghanistan Papers» (2019 im Internet veröffentlicht, 2021 auszugsweise als Buch).

Die Taliban rücken vor

Diese Afghanistan-Unterlagen enthalten, unter anderem, die Auswertungen des Krieges durch eine federführende US-Behörde, die zahlreiche Kriegsbeteiligte nach ihren Einschätzungen befragt hatte, darunter hochrangige Politiker. Diese Befragungen waren nicht für die Öffentlichkeit bestimmt, doch gelangte die Zeitung über den «Freedom of Information Act» (Gesetz zur Informationsfreiheit) an große Teile dieser Unterlagen. Darüber hinaus veröffentlichte die *Washington Post* ihr zugespielte amtliche Dokumente, aus denen klar hervorgeht, dass die Kluft zwischen der beschönigenden politisch-medialen Darstellung des Afghanistan-Krieges insbesondere in den USA und der Realität vor Ort größer kaum hätte sein können. Insbesondere die Veröffentlichung von nicht freigegebenen Regierungsdokumenten stellt (nicht nur) in den USA einen Straftatbestand dar. Anders als im Fall des WikiLeaks-Gründers Julian Assange, den aus der ecuadorianischen Botschaft in London zu entführen und zu ermorden die CIA erwogen haben soll, müssen die Mitarbeiter der *Washington Post* nicht um ihr Leben fürchten. Die Zeitung, ein journalistisches Flaggschiff im Besitz von Jeff Bezos (Amazon), wird auch nicht juristisch belangt werden, das wäre zu viel des Guten. Doch gibt es in

Washington Überlegungen, den Nachdruck oder auch nur die inhaltliche Wiedergabe von nicht rechtmäßig erworbenen Inhalten durch Dritte künftig unter Strafe zu stellen.

2006 starteten die Taliban eine Frühjahrsoffensive mit Tausenden Kämpfern, denen es trotz anhaltender Luftangriffe gelang, ihre Stellungen in mehreren südlichen Provinzen zu konsolidieren – was, nebenbei bemerkt, ohne Unterstützung durch den ISI kaum möglich gewesen wäre. Bereits im Sommer 2006 führte die NATO erste Rückzugsgefechte im paschtunischen Kernland. Ronald Neumann, US-Botschafter in Kabul, warnte bereits 2005 mehrfach vor einer sich dramatisch verschlechternden Sicherheitslage und vor einem weiteren Anwachsen der Aufstandsbewegung im Folgejahr. Er verlangte mehr Soldaten und mehr Geld für die afghanische Regierung, doch ohne nennenswerten Erfolg. Der Irak hatte Priorität. Dessen ungeachtet verlor Präsident Bush in der Öffentlichkeit kein Wort über die erstarkenden Taliban. Stattdessen lobte er die Fortschritte der afghanischen Demokratie, die freie Presse, den Schulbesuch von Mädchen und die stetig anwachsende Unternehmerschicht.

Was sollte er auch sagen – die Weltmacht war an zwei Fronten in die Defensive geraten. Im Irak gegenüber sunnitischen Aufständischen, zunehmend dem Islamischen Staat, in Afghanistan gegenüber den Taliban. Bereits 2008 kontrollierten diese erneut größere Teile des Landes. Teilweise nur nachts, was die Sache nicht besser machte. Bereits wenige Kilometer außerhalb von Kabul begann deren Reich, auch zu erkennen an ganzen Konvois ausgebrannter NATO-Fahrzeuge entlang der wenigen Hauptstraßen. Der britische Journalist Simon Jenkins beschrieb die Lage in der Hauptstadt im Sommer 2008 so: «Kabul ist wie Saigon zum Ende des Vietnam-Krieges. Überall Flüchtlinge und Korruption, während gleichzeitig die oberste Schicht aus gut bestallten Großunternehmern, Beratern und NGO-Groupies in gepanzerten Geländefahrzeugen von einer Party zur nächsten eilt.»

Spätestens 2006 hätten die westlichen Interventionsmächte allen Anlass gehabt, über die Modalitäten einer zeitnahen Exit-Strategie nachzudenken. Das ist nicht geschehen – wie auch, wenn man sich bereits auf ein Kriegsziel nicht hatte verständigen können oder wollen. Für die USA stand ihre Glaubwürdigkeit als Weltmacht auf dem Spiel. Sollten sie sich Dschihadisten im Irak und Stammeskriegern in Afghanistan geschlagen geben? Wenn die Amerikaner bereits in *shithole countries* scheitern, wer sollte sie dann noch ernst nehmen? Also versuchten sich Washington und seine Verbündeten auch weiterhin am Nation Building – maßgeblich mit Hilfe von Warlords und anderen Schwerverbrechern: hinter der demokratischen Fassade einer auf Selbstbereicherung abonnierten Regierung; begleitet vom Aufbau einer afghanischen Polizei und Armee, die langsam aber sicher Ordnungsaufgaben übernehmen sollten. Die US-Armee bezeichnete die Regierung in Kabul intern als VICE – Vertically Integrated Criminal Entity, sinngemäß: eine sehr breit aufgestellte kriminelle Größe. Abgekürzt Vice, Untugend.

Der westlichen Öffentlichkeit gegenüber wurde die Lage im Land auch weiterhin schöngeredet, die Sinnfrage tunlichst vermieden. Auch in Deutschland. Als die EKD-Ratsvorsitzende Margot Käßmann in ihrer Neujahrsansprache 2010 völlig zu recht festhielt: «Nichts ist gut in Afghanistan», sah sie sich wochenlang massiven Schmähungen ausgesetzt, selbst aus Kirchenkreisen. Die Kriegsbefürworter und NATO-Freunde stellten lieber emotional wirksame Ersatzthemen in den Vordergrund, allen voran Frauenrechte.

Gar nichts ist gut

Genügend Leute in verantwortlichen Positionen haben gewusst, in den USA wie auch in Deutschland und anderswo, dass der Weg in Afghanistan nur in eine Richtung führt, hin zum Abgrund. Doch wer riskiert seine Karriere mit unerfreulichen Wahrheiten? Gar auf höchster Ebene von Politik, Militär und Geheimdiensten? Die übrigen Truppensteller, darunter Deutschland, wurden somit fast zwangsläufig Opfer ihrer eigenen Willfährigkeit gegenüber den Chefdramaturgen in Washington. Einige beendeten ihr Engagement in Afghanistan, darunter die Niederlande. Berlin dagegen blieb seiner Rolle treu, bis zum bösen Ende.

Ungeachtet aller Bestrebungen, den Krieg in Afghanistan als humanitäre Mission zu verkaufen, belegt das «Human Terrain Team Handbook» von 2008, eine Handreichung für gehobene Dienstränge der US-Armee, von WikiLeaks ins Netz gestellt, dass Massaker als Teil der Kriegsführung «eingepreist» waren und als unvermeidbar galten. Das erste geschah bereits wenige Wochen nach Kriegsbeginn. Damit wurde quasi der Startschuss für eine nicht enden wollende Serie an Kriegsverbrechen gegeben, wozu etwa Misshandlungen, Folter, Entführungen oder eben Massenmord zählen.

Im November 2001 hatten sich bis zu 3000 Taliban der US-liierten Miliz des usbekischen Warlords Abdul Rashid Dostum in der Wüstenregion Dasht-e Leili in Nordafghanistan ergeben. Dostum und andere Gewalttäter der Nordallianz hatten zuvor systematisch paschtunische Dörfer überfallen, Zivilisten an die Wand gestellt, Frauen vergewaltigt, Land konfisziert und Vieh gestohlen. Die gefangenen Taliban wurden dicht an dicht in Container gepfercht und sollten angeblich in das Gefängnis der Provinzhauptstadt überstellt werden. Stattdessen aber ließen Dostums Leute die Gefangenen ersticken und verdursten, was in der Hitze keine zwei Tage dauerte. Vielleicht um sich die Zeit zu vertreiben, nahmen die Aufpasser die Container immer wieder unter Beschuss, was den Todeskampf vieler verkürzt haben dürfte. Überlebt haben nur wenige, die unter Toten begraben lagen und von Dostums Leuten übersehen wurden.

Es verwundert nicht, dass die Bush-Administration alle nachfolgenden Versuche blockierte, den Massenmord untersuchen zu lassen oder gar Dostum zur Rechenschaft zu ziehen – der war ein CIA-Mann der ersten Stunde, ein enger Vertrauter Washingtons. Einige der Überlebenden landeten anschließend in Guantanamo, wo sie vom FBI verhört wurden. Auch dadurch konnten die Massengräber lokalisiert werden. Doch in der Zwischenzeit hatten die Täter einen Großteil der verscharrten Leichen andernorts entsorgt und die Spuren ihres Verbrechens so weit wie möglich beseitigt. Unnütze Mühen, denn zu befürchten hatten sie nichts.

Dieses Massaker sollte sowohl in Afghanistan wie auf internationaler Ebene über Jahre hinweg hohe Wellen schlagen, dort vor allem unter Menschenrechtsorganisationen. Allzu offenkundig stand es im Widerspruch zu den edlen Motiven der westlichen Kriegsallianz. Und gerade deswegen durfte der Vorfall auch nicht aufgearbeitet werden. Kein Geringerer als Präsident Obama persönlich versprach nach seinem Amtsantritt 2009, die Ereignisse von damals untersuchen zu lassen – getan oder veranlasst hat er nichts. Sogar die Vereinten Nationen waren offenbar auf Linie gebracht worden. Im August 2002 lehnte es Lakhdar Brahimi, deren Afghanistan-Beauftragter, aus formalen Gründen ab, in dieser Frage eine UN-Untersuchungskommission einzusetzen.[13]

Um Dostum von seiner Verantwortung für dieses wie

auch für andere Verbrechen weißzuwaschen, empfahl ein von WikiLeaks zitiertes US-Regierungsdokument, die zuständigen Dienststellen sollten «bei jeder Gelegenheit daran erinnern, dass die Taliban die hauptsächlichen Verbrecher im Land sind. Jede Untersuchung angeblicher afghanischer Militärverbrechen ist zwingend auszugleichen durch die Untersuchung von Verbrechen der Taliban.» Alle maßgeblichen Instanzen in der zuständigen US-Hierarchie – Militär, Geheimdienste, ranghohe Diplomaten und die Ministerebene in Washington – waren selbst über die brutalsten Details des Vorfalls bereits kurze Zeit nach der Tat informiert. Doch reichten offenbar weder der Verstand noch das moralische Empfinden, um zu erkennen, dass Henker der Sorte Dostum, im Sold der USA, mit ihren Taten wesentlich dazu beitragen sollten, große Teile insbesondere der paschtunischen Bevölkerung in den Widerstand gegen diese vermeintlich «demokratische Neuordnung» zu treiben.

Eviva General Dostum!

Vielleicht, um die einheimische Öffentlichkeit keinen Anfechtungen auszusetzen, nahm sich Hollywood des Themas an. Der Actionfilm *Operation: 12 Strong* (2018) erzählt, wie ein US-Spezialkommando kurz nach 9/11 auf die nordafghanische Stadt Mazar-e Sharif vorrückt. In etwa zeitgleich also zum Massaker, das hier selbstverständlich keine Rolle spielt. Stattdessen schaffen es gerade einmal zwölf US-Elitesoldaten und Militärstrategen, mehr als 50.000 Taliban in der Region schwerste Verluste zuzufügen – ohne selbst auch nur einen Mann zu verlieren. Das Husarenstück gelingt nicht zuletzt dank der heroischen Unterstützung durch den furchtlosen und kampferprobten General Abdul

Rashid Dostum. Diese Lichtgestalt und seine ihm unterstellte Nordallianz erweisen sich als unersetzliche Verbündete und helfen im Gefecht wo immer möglich aus, am liebsten mit Panzern, aber auch zu Pferde.

Als der Film entstand, 2018, weilte Dostum vorübergehend im türkischen Exil. Er hatte Ärger bekommen, weil er Widersacher gerne unter Zuhilfenahme von Gewehrläufen vergewaltigen ließ. Zu dem Zeitpunkt konnte jeder informierte Amerikaner wissen, wes Geistes Kind dieser De-Facto-US-Söldner war. Was allerdings den Rezensenten der *New York Times* nicht daran hinderte, das propagandistische Machwerk als «mitreißende, erhellende Ballade im Stil eines Country-Songs» zu würdigen.

Abdul Rashid Dostum war unter Ashraf Ghani von 2014 bis 2020 Vizepräsident Afghanistans. Nicht zu vergessen: Die Bundeswehr unterhielt ihren größten Stützpunkt in Afghanistan im Camp Marmal bei Mazar-e Sharif und bis 2013 ein weiteres Feldlager bei Kunduz. Beide liegen in Nordafghanistan, im damaligen Einzugsbereich der Anhänger Dostums. Damit war der Kriegsverbrecher auch für die Bundeswehr ein wichtiger Ansprechpartner. Allein um sicherzustellen, dass dessen Leute die Deutschen vor den Taliban schützen. In solchen Fällen fließt Geld, sehr viel Geld. Offiziell hatte die Bundeswehr keinen Kampfauftrag, vielmehr war sie federführend zuständig für die Ausbildung afghanischer Polizisten und teilweise auch Soldaten. Ob man sich auf der Hardthöhe oder im Bendlerblock jemals gefragt hat, welchen Anlass junge paschtunische Männer haben sollten, sich ausgerechnet in Dostums Reich einer solchen Ausbildung zu unterziehen? Im Schatten der Container von Dasht-e Leili?

Das US-Militär brauchte Bodentruppen, um die Taliban zu bekämpfen. Und bediente sich dafür eines Arsenals lokaler oder regionaler Bandengrößen, vielfach aus dem Umfeld des Drogenhandels, von Warlords und Milizenführern, die sich jedem andienten, der gut zahlte. Zu glauben, mit solchem Personal für Ruhe und Ordnung sorgen oder gar staatliche Strukturen aufbauen zu können, zeugt gelinde gesagt von Realitätsferne. Stattdessen erwiesen sich deren Wildwest-Mentalität und grenzenlose Skrupellosigkeiten als dauerhaftes Rekrutierungsprogramm der Taliban. Alle Überlegungen in Richtung guter Regierungsführung, wie etwa auf dem Petersberg angestellt, erwiesen sich vor diesem Hintergrund als Schall und Rauch. Gewiss, es wäre zeitraubender gewesen, eine Demokratie von unten nach oben aufzubauen, auf regionaler Basis. Ob ein solches Experiment, angestoßen von außen, gelungen wäre oder nicht, ist eine andere Frage. Auf jeden Fall aber hätte es deutlich weniger Verheerungen angerichtet.

Die im Dunkeln sieht man nicht

Die amerikanische Macht in Afghanistan ruhte auf zwei Säulen, dem Militär und den Geheimdiensten. Das Erste, was die CIA vor Ort einrichtete und betrieb, waren Folterzentren. Nicht allein Afghanen wurden dort verhört und misshandelt; aus ganz Zentralasien, dem Nahen Osten und Afrika wurden Gefangene eingeflogen. Die übelste Folterkammer, auf der US-Luftwaffenbasis Bagram, wurde von denen, die dort eingesperrt waren, als «Die Dunkelheit» bezeichnet. Dabei handelte es sich um eine in tiefes Schwarz gefasste Kammer, in der es weder Licht noch ein Fenster gab. Der Häftling in Einzelhaft wusste nicht, wo er sich befand, nicht einmal in welchem Land. Um den Verlust jeder sensorischen Empfindung zu beschleunigen, wurde der Insasse rund um die Uhr mit lautstarker Musik beschallt. Zu den Foltermethoden gehörte, die Gefangenen an ihren Armen aufzuhängen, von vorne wie von hinten, und sie bis zu zwei Tagen so hängen zu lassen. Sie mussten sich nackt auf den Boden legen, wurden mit Eiswasser übergossen und durften weder aufstehen noch sich anziehen. Niemand ist für diese Folterkammern mit ihrer unbekannten Anzahl an Opfern jemals juristisch zur Rechenschaft gezogen worden.

Gleichzeitig wurde Afghanistan zum ersten großen Einsatzgebiet und Experimentierfeld für eine neue Waffentechnik, für Drohnen. Unbemannte, aus den USA häufig via ihre Luftwaffenbasis Ramstein in Rheinland-Pfalz gesteuerte Kampfflugzeuge, gewissermaßen die Arbeitspferde einer neuen Form der High-Tech-Kriegsführung, feierten dort unmittelbar nach 9/11 ihre Premiere. Einen regelrechten Boom erlebte deren Einsatz nach der Amtsübernahme von Präsident Barak Obama 2009. Unter dessen Ägide wurden Drohnen zur zentralen Waffe im «Krieg gegen den Terror» – nicht allein in Afghanistan, auch an allen unsichtbaren Fronten in Asien und Afrika. Drohnen aber gegen eine Aufstandsbewegung einzusetzen bedeutet nichts anderes, als den Tod von Zivilisten billigend in Kauf zu nehmen. Allein zwischen 2015 und 2020 haben die USA mehr als 13.000 Drohnenangriffe in Afghanistan geflogen. Dabei sollen bis zu 10.000 Menschen getötet worden sein. «Oft lenkte die CIA, die mit Hilfe von Mobilfunknummern angebliche Feinde ausfindig machte und liquidierte, ihre Hellfire-Raketen auf die falschen Zielpersonen. Oder auf solche, die sich inmitten von Zivilisten aufhielten.»[14] Im CIA-Jargon nennt sich diese Methode «find, fix, and finish».

Drohnenangriffe haben ganze Dörfer verheert, nächtliche NATO-Razzien großflächig Terror verbreitet. Als Reaktion haben sich Hunderte und Tausende kollektiv den Taliban angeschlossen. Weder das US-Militär noch die CIA scheinen sich daran gestört zu haben, dass die Angriffsziele oftmals auf afghanische Informanten zurückgingen, die

Rechnungen zu begleichen hatten oder ihre Rivalen auszuschalten suchten.

Was die Amerikaner völlig unterschätzten, war das doppelte Spiel Pakistans, dessen politische Führung gleichermaßen auf Seiten der USA wie auch der Taliban stand. Aus Sicht Islamabads war diese Schizophrenie geopolitisch «alternativlos», für die Interessen Washingtons allerdings desaströs. Gleichzeitig versäumte es die Regierung Bush aus ideologischen Gründen, in der Causa Afghanistan mit dem Iran zusammenzuarbeiten. Aufgrund der langen gemeinsamen Grenze und des gemeinsamen Siedlungsraumes persischsprachiger Volksgruppen auf beiden Seiten verfügt der Iran traditionell über großen Einfluss vor allem im Westen Afghanistans. Der grenzüberschreitende Handel ist ein Rückgrat der dortigen Ökonomie, ähnlich dem im Osten zwischen Afghanistan und Pakistan. Unmittelbar nach 9/11 trafen sich Unterhändler der USA und Irans heimlich in Genf, um eine mögliche Zusammenarbeit im Kampf gegen die Taliban auszuloten – die sunnitischen Koranschüler waren damals entschiedene Widersacher des schiitischen Iran wie auch der schiitischen Hazara in Afghanistan. In den ersten Kriegswochen hat Teheran den USA sogar Informationen über potentielle Angriffsziele zukommen lassen.[15] Dieser Pragmatismus endete, als Präsident Bush bei seiner Rede zur Lage der Nation im Januar 2002 den Iran auf «der Achse des Bösen» verortete, neben dem Irak und Nordkorea. Damit wurde der Iran auch offiziell als Kandidat für einen Regimewechsel benannt – indirekt, aber deutlich genug. Als Reaktion wandte sich Teheran den Taliban zu und unterstützte verdeckt deren Aufstandsbewegung. Politisch unterhalten beide Seiten seither belastbare und gut eingespielte Beziehungen. Sehr zum Nutzen auch der Hazara.

Geistergeld

Kurzum, die USA hatten sich in eine Sackgasse manövriert. Washingtons geostrategische Interessen lagen in erster Linie im Irak, nicht in Afghanistan. Das Land den Taliban überlassen, wollte man aber auch nicht. Offiziell hat die Regierung Bush stets betont, in Afghanistan kein Nation Building betreiben zu wollen. Gleichzeitig aber geschah das durchaus, wenngleich auf fragwürdige Weise. Eine prowestliche Zentralregierung sollte Straßen, Schulen, Krankenhäuser bauen und eine Nationalarmee aufstellen. Die CIA betrieb ihr eigenes Nation Building und setzte auf den von ihr geschaffenen Geheimdienst National Directorate of Security, NDA. Auf dessen Gehaltsliste standen vorwiegend Tadschiken, die stärkste Kraft innerhalb der Nordallianz und der Regierung in Kabul. Das alles, wie ausgeführt, ohne klare Strategie jenseits einer diffusen «Aufstandsbekämpfung», begleitet von der Ausbildung einheimischer Sicherheitskräfte. Letzteres gehört zum Standardprogramm westlicher Militärinterventionen: Die auserkorenen Statthalter sollen in die Lage versetzt werden, sich selbst zu verteidigen.

Hamid Karzai war ein regional gut vernetzter Politiker, allerdings kein Anführer eines bedeutenden paschtunischen Stammes. Ohne die Unterstützung der USA wäre er niemals Präsident Afghanistans geworden. Sie entschieden sich für ihn, weil er pro-westlich war, diplomatisch auftrat und fließend Englisch sprach. Sogar in Washington hatte man verstanden, dass die neue, von Tadschiken dominierte Regierung eines Paschtunen an der Spitze bedurfte. Selbstverständlich war Karzai gleichermaßen ein Mann der CIA. Nach der Petersberg-Konferenz begab er sich im Dezember 2001 aus seinem pakistanischen Exil nach Kabul, in einem

Konvoi aus Special Forces und CIA-Agenten. Dummerweise wurde der unterwegs von einem US-Kampfjet beschossen und bombardiert. Der CIA-Leiter für Afghanistan, Greg Vogle, rettete Karzai das Leben, indem er sich im entscheidenden Moment auf ihn warf und damit deckte.

Da die neue afghanische Regierung über keine eigenen Ressourcen verfügte, mithin mittellos war, übernahmen die Amerikaner weitgehend die Finanzierung der neuen Machthaber. Ein Teil der Zahlungen erfolgte auf offiziellen Wegen, der deutlich größere über die CIA. Sofort nach Kriegsbeginn wurde die in Afghanistan aktiv und bezahlte die zahlreichen Warlords, die beim Sturz der Taliban halfen und anschließend als Hilfssheriffs dienten. Die meisten von ihnen erhielten monatliche Zuwendungen, die nach Karzais Amtsübernahme vielfach über dessen Amtssitz erfolgten. Abdul Rashid Dostum etwa soll eigenen Angaben zufolge monatlich 80.000 US-Dollar an Salär bezogen haben. In einem Interview mit *Time Magazine* sagte er 2009: «Ich habe um einen Vorschuss in bar in Jahreshöhe gebeten, damit ich mein Traumhaus bauen kann.»

In einem Artikel der *New York Times* von 2013 heißt es: «Seit mehr als einem Jahrzehnt haben dicke Bündel amerikanischer Dollar ihren Weg in die Büros des afghanischen Präsidenten gefunden. Monat für Monat, in Koffern, Rucksäcken und gelegentlich auch Plastiktüten – mit freundlichen Empfehlungen der Central Intelligence Agency.» In Größenordnungen von Hunderttausenden bis zu Millionen von US-Dollar je Lieferung. In Karzais Umfeld hieß dieses Geld «Geistergeld» – «es ging geheim ein und ebenso geheim wieder hinaus», zitiert die Zeitung einen ehemaligen stellvertretenden Büroleiter Karzais. Bereits 2002 war der afghanische Präsident zu einer entscheidenden Zahlstelle im Land geworden. Das erlaubte ihm, Loyalitäten zu kaufen. Vor allem aber öffnete dieses System der Korruption

Tür und Tor. Besagter Artikel zitiert einen namentlich nicht genannten US-Regierungsvertreter mit den Worten: «Die größte Quelle der Korruption in Afghanistan waren die Vereinigen Staaten.»[16]

Das Regierungssystem in Kabul entwickelte sich in kürzester Zeit zu einer Geldwaschanlage und Quelle der Selbstbereicherung – für die Glücklichen am oberen Ende der sozialen Skala. An der einfachen Bevölkerung ging der Geldsegen vorbei. Sie kam vom Regen in die Traufe, vor allem die Paschtunen. Insbesondere in Kabul, im Umfeld von Besatzung, Verwaltung und Entwicklungshilfe, profitierte eine kleine Mittelschicht von den neuen Verhältnissen, die als Übersetzer, Dolmetscher, generell als Ortskraft, Anstellung bei ausländischen Arbeitgebern fand. Zu Löhnen, die meist nur einen Bruchteil dessen betrugen, was die «Expats» verdienten, die westlichen Entsandten mit ihren steuerfreien Zulagen, Dienstwagen und Spesenkonten. Jeder, der geneigt war, die Verhältnisse in Afghanistan aus der Vogelperspektive zu betrachten, konnte bereits sehr früh erkennen: Das kann und wird nicht funktionieren. Welche Legitimation hatte denn dieser Staat, der auf Gewalt, Kriminalität und Scheinwahlen gründete? Warum hätten die rund 80 Prozent der Afghanen, die am Rande oder unterhalb des Existenzminimums leben, die Regierung Karzai oder Ghani unterstützen sollen?

«Das Resultat: Der afghanische Politapparat, der vom Westen aufgebaut wurde, unterscheidet sich in keiner Weise von einem mafiösen Netzwerk, dem jedes Mittel recht ist, um die eigenen Privilegien aufrechtzuerhalten. Man hat keineswegs demokratische Institutionen gefördert, sondern in erster Linie eine Kleptokratie errichtet, die sämtliche Ressourcen weiterhin aushöhlt und zutiefst korrupt ist», schrieb der Afghanistan-Experte Emran Feroz in seinem Buch *Der längste Krieg* (Frankfurt/Main 2021).

Surge – die große Welle: Dollars ohne Ende, gefälschte Wahlen, noch mehr Soldaten

Mit der Amtsübernahme von Präsident Barak Obama 2009 änderte sich die Afghanistan-Strategie der USA auf zwei Ebenen. Zum einen entschied sich der Friedensnobelpreisträger für die massive Aufstockung der US-Truppen im Land, im Neusprech des Militärs *surge* genannt, was eigentlich Flut oder Woge bedeutet. Damit kopierte er, was sein Amtsvorgänger 2007 bereits im Irak versucht hatte, unter gleichem Namen und mit mäßigem Erfolg. Die Idee, das Wunschdenken dahinter: Befristet werden Zehntausende zusätzliche Soldaten ins Kriegsgebiet entsandt, die dem Widerstand/der Aufstandsbewegung/den Terroristen die entscheidenden, die vernichtenden Schläge versetzen. Anschließend leistet die auserkorene Regierung, unterstützt von westlich ausgebildeten, wenn auch wenig verlässlichen einheimischen Sicherheitskräften, was Washington von ihr erwartet. Nämlich endlich den politischen Rahmen für den einzig denkbaren, einen Abzug ohne Gesichtsverlust zu gewährleisten.

Und zum anderen flutete die Regierung Obama Afghanistan mit Hilfsgeldern und Militärausgaben in kaum noch nachzuvollziehenden Größenordnungen, was die ohnehin schier grenzenlose Korruption noch einmal in ganz neue Dimensionen geführt hat. Laut «Afghanistan Papers» sind von den rund 2,2 Billionen US-Dollar, die der Krieg in Afghanistan allein die USA gekostet hat, etwa 800 Milliarden in dunklen Kanälen verschwunden – nicht zuletzt auf den Konten von Warlords, Politikern, Drogenbaronen in irgendwelchen Steueroasen. Ein erheblicher Teil dieser großzügigen Alimentierung entfällt auf die Regierungszeit Obamas. Zum Vergleich: Das Bruttosozialprodukt Afghanistans betrug 2020 knapp 20 Milliarden US-Dollar.

Etappenhengste und Asketen

In Obamas erstem Regierungsjahr, 2009, schnellte die Zahl der US-Soldaten in Afghanistan von 39.000 auf 60.000. Im Jahr darauf, 2010, erreichte der *surge* seine Höchstzahl: 100.000 US-Soldaten, plus zusätzliche 50.000 NATO-Truppen. Damit war der ultimative Truppenstand in 20 Jahren Afghanistan-Einsatz erreicht. Doch änderte auch die hohe Zahl nichts an der fehlenden Strategie, an einem bestenfalls diffusen Kriegsziel. Obama setzte lediglich die Linie seines Vorgängers fort: den Aufstand bekämpfen und die afghanische Regierung stärken, damit sie schließlich, auf eigene Sicherheitskräfte gestützt, die Lage irgendwie selbst in den Griff bekomme.

General David McKiernan, Oberbefehlshaber der US- und NATO-Truppen in Afghanistan, wurde im Mai 2009 gefeuert. Er hatte ein Tabu gebrochen, indem er wiederholt öffentlich erklärte, dass die Lage vor Ort unberechenbar und schwierig sei. Damit lag er nicht auf Linie der offiziellen Verlautbarungen der Regierungen Bush wie auch Obama: Die Dinge schönreden, Freiheit, Demokratie und Menschenrechte in den Vordergrund rücken, die Taliban dämonisieren und betonen, dass die so gut wie erledigt seien.

Sein Nachfolger wurde im Juni General Stanley McChrystal, der im Irak als Leiter einer Sondereinheit Hunderte Anführer verschiedener Gruppen von Aufständischen umgebracht hatte. Gemeinsam mit General David Petraeus hatte er im Irak eine Strategie zur Aufstandsbekämpfung entwickelt, die er nun auch in Afghanistan anwenden sollte. In enger Absprache mit Petraeus, der 2008 zum Oberbefehlshaber des US-Zentralkommandos für den Nahen Osten und Afghanistan aufgestiegen war, mit Sitz in Katar.

Beide, McChrystal wie auch Petraeus, galten als Asketen und genossen ihren Ruf als verwegene Haudegen. Laut «Afghanistan Papers» hielt sie die militärische Führungsebene der NATO in Afghanistan jedoch vor allem für arrogant und unbelehrbar. Beide lieferten der Regierung Obama, was die hören wollte: die klare Botschaft «alles wird gut», auch bei Anhörungen im Kongress. Für die Afghanen allerdings wurde gar nichts besser. McChrystal setzte auf noch mehr Soldaten, noch mehr *surge*. Er gab Order, die Zahl der zivilen Toten bei Drohnen- und Luftangriffen sowie den nächtlichen Razzien im ländlichen Raum zu reduzieren. Aus gutem Grund, denn der *surge* bedeutete im Kriegsalltag wenig mehr als noch mehr Vergeltungsmaßnahmen, noch mehr Bomben und noch mehr Tote. Wie auch die US-Regierung, namentlich Außenministerin Hillary Clinton, missverstand McChrystal die Taliban als eine Art Pol-Pot-Regime wie im Kambodscha der 1970er Jahre, erlag er der eigenen Autosuggestion: Regierung stärken, für Sicherheit sorgen, öffentliche Dienstleistungen anbieten – Problem gelöst.

Pakistans Rolle in Afghanistan hielt er der Rede nicht für wert, der Opiumanbau interessierte ihn nicht. Sein Thema war die Aufstandsbekämpfung. Allerdings warnte der US-Botschafter in Kabul, Karl Eikenberry, in zwei Schreiben an die Obama-Administration, dass McChrystals Ansatz den Taliban letztendlich nur noch mehr Zulauf bescheren werde. Er sollte recht behalten, und McChrystals wiederholte Versuche, die Provinz Kandahar militärisch von den Taliban zu säubern, endeten kläglich und mit hohen Verlusten auch für die amerikanische Seite. 2010 starben 496 US-Soldaten, mehr als in den beiden Jahren zuvor zusammengenommen.

Das alles wäre Kriegs-*business as usual* gewesen, doch beging McChrystal den Fehler, sich in einem Interview abfällig über die Regierung Obama, über die Etappenhengste in Washington zu äußern. Wegen Insubordination wurde er im Juni 2010 entlassen. Daraufhin übernahm Petraeus im Juli den Job als US- und NATO-Kommandeur in Afghanistan, blieb seinerseits aber nur ein Jahr im Amt. Die magische Formel «Aufstandsbekämpfung», die in den Wüstenlandschaften Iraks funktionieren mochte, half in den Gebirgen Afghanistans nicht weiter. Die ungewöhnlich hohe Fluktuation, drei Top-Generäle in drei Jahren als Kommandanten in Afghanistan: ein Hinweis wohl auf die große Ratlosigkeit in Washington. Was tun, um diesen «Krieg gegen den Terror» am Hindukusch endlich beenden zu können, ohne als Verlierer dazustehen?

Geld spielt keine Rolle

Vielleicht als Antwort auf diese Frage wiesen die Obama-Administration wie auch der Kongress das Militär, das State Department (Außenministerium), USAID, die Behörde für Entwicklungszusammenarbeit, und deren jeweilige Vertragspartner an, die afghanische Regierung nach Kräften zu unterstützen. Um größeren Rückhalt in der Bevölkerung zu gewinnen, sollte die afghanische Regierung mit amerikanischem Geld ein beispielloses Entwicklungsprogramm auflegen: Schulen bauen, Krankenhäuser, Straßen, die Strom- und Wasserversorgung sollten saniert werden, Sportstätten und Fußballplätze neu entstehen. Kurzum, ein beispielloses Infrastruktur-Programm, eine Art Marshall-Plan für Afghanistan. Der Clou: Geld spielte dabei schlichtweg keine Rolle. Die offiziellen Entwicklungsgelder Washingtons verdreifachten sich von sechs Milliarden US-Dollar 2008 auf 17 Milliarden 2010. Letztere Summe entsprach in etwa dem Bruttosozialprodukt Afghanistans im selben Jahr. Und wohlgemerkt, das waren die offiziell genannten Beträge. Hinzu kamen die milliardenschweren Schattengelder aus diversen Fonds, allen voran der CIA.

Im Grundsatz war dies ein kostspieliges, aber durchaus löbliches Unterfangen. In der Praxis allerdings ein Desaster. Angefangen damit, dass die Regierung Obama Afghanistan mit Geld geradezu überschwemmt hat. Das Land konnte die enormen Summen, die in kürzester Zeit dort eingingen, kaum aufnehmen. Man stelle sich den Trichter auf einer Flasche vor, in den so viel Flüssigkeit geschüttet wird, dass sie nicht schnell genug in die Flasche ablaufen kann. Was passiert? Der Trichter läuft über. Genau das geschah in Afghanistan, sehr zur Freude der korrupten Machtelite, die ihr Glück vermutlich kaum fassen konnte. Diese fantastischen Beträge waren wie Manna, das vom Himmel fiel. Gleichzeitig mangelte es dem Vorhaben Washingtons an langfristiger Planung, von einem Masterplan ganz zu schweigen. US-Regierungsvertreter entwarfen am Reißbrett Modernisierungs- und Infrastrukturprojekte für Afghanistan, ohne zuvor ausreichend zu klären, was die Menschen vor Ort brauchten und was nicht. Im Ergebnis lief es darauf hinaus, dass Groß- und Subunternehmer astronomische Preise teilweise für Fantasieprojekte in Rechnung stellten, die üblichen Verdächtigen aus dem Umfeld der Warlord-und-Politik-Mafia sich die Taschen füllten und sinnlose Bauten entstanden, oft genug im Nirgendwo, die bald wieder auseinanderfielen.

Die «Afghanistan Papers» zitieren einen ungenannt bleibenden Mitarbeiter von USAID mit den Worten: «90 Prozent dessen, was wir ausgegeben haben, war Overkill. Man gab uns Geld, sagte uns, wir sollten das ausgeben, und das haben wir dann irgendwie getan.» Generalleutnant Douglas Lute, ein Top-Berater von Präsident Obama, nannte als Beispiel fehlgeleiteter Investitionen ein Polizei-Hauptquartier «in einer gottverlorenen Provinz», gebaut von einem Bautrupp der US-Armee. Mit Glasfassade und Atrium. Natürlich waren die Afghanen vorher nicht gefragt worden, ob sie den Bau des Gebäudes für sinnvoll hielten oder nicht – in einer Region, in der die Lehmbauweise die vorherrschende ist. Die feierliche Eröffnung scheiterte an einer Banalität. «Der Polizeichef wusste nicht, wie er die Tür öffnen sollte. Er hatte noch nie einen Türgriff wie den gesehen. Für mich ein Sinnbild unserer Erfahrung in Afghanistan», gab Lute zu Protokoll. An anderer Stelle sagte er: «Wir hatten nicht die geringste Ahnung von Afghanistan. Keine Vorstellung von dem, was wir dort eigentlich taten.»

Die Kombination aus nahezu unbegrenztem Dollar-Zufluss, Aufstandsbekämpfung mit Hilfe noch besser bezahlter Warlords und schier endlosen Strömen aus Drogengeld bewirkten einen auf Sand gebauten «Wirtschaftsboom» vor allem in Kabul. Äußerlich zu erkennen etwa am Bau zahlreicher Luxusvillen in den gefragten Wohnlagen. Parallel entwickelte sich eine zahlenmäßig kleine, westlich orientierte Mittelschicht, die, solange gut vernetzt, lukrative Geschäfte machen konnte. Doch sollten die unfassbar hohen Milliardensummen dieser kurzlebigen, aber folgenschweren Kasino-Ökonomie zur weiteren Diskreditierung der afghanischen Regierung wie auch der USA erheblich beitragen.

Highways nach Dubai

Unter den gegebenen Rahmenbedingungen lag es auf der Hand, dass der Korruption und dem Insiderhandel nicht etwa Tür und Tor geöffnet wurden – die standen längst sperrangelweit offen –, sondern regelrechte Highways zum Finanzplatz Dubai gebaut wurden. Viele US-Gelder haben es gar nicht erst bis nach Kabul geschafft, sondern sind schon zuvor von Regierungsangehörigen, Warlords, Drogenbaronen und ihren Familien in die Vereinigten Arabischen Emirate transferiert worden. Etwa mit Hilfe von gefälschten Rechnungen für Fantasieprojekte, die nie realisiert wurden. Die US-Denkfabrik Carnegie Endowment for International Peace hat in einer Studie von 2020 detailliert aufgezeigt, wie dieses System «wechselseitiger Befruchtung krimineller Aktivitäten zwischen Afghanistan und Dubai» im einzelnen funktioniert hat.[19] Kaum ein Thriller-Autor wäre in der Lage, sich die komplexe Logistik und die bemerkenswerte Kreativität vorzustellen oder auszumalen, mit der hier ein vergleichsweise kleines Netzwerk aus den Chefetagen Kabuls nicht allein hohe zweistellige Dollar-Milliardenbeträge aus westlichen Ländern, insbesondere den USA, in die eigenen Taschen gewirtschaftet, sondern gleichzeitig auch die Bankeinlagen Hunderttausender Afghanen vernichtet hat. Wollte jemand die Eigentumsverhältnisse im Luxusressort «The Palm», einer künstlichen Inselwelt in Gestalt einer Palme vor der Küste Dubais, untersuchen, wäre er vermutlich überrascht, wie viele Afghanen sich dort eingekauft haben.

Eine Schlüsselrolle kommt dabei der Kabul Bank und ihrem Eigentümer Sherkhan Farnood zu. Der hatte seine Finanzkarriere in den 1980ern in Moskau begonnen, wo er als Student ein Hawala-Büro für Überweisungen nach Afghanistan betrieb. Hawala ist ein in der islamischen Welt geläufiges Finanzsystem, bei dem ein Kunde einem Zwischenhändler Geld meist in bar aushändigt, der wiederum einen weiteren Zwischenhändler am Zielort kontaktiert, der dann den entsprechenden Betrag dem Empfänger auszahlt. Das System funktioniert teils sekundenschnell und erlaubt Finanztransfers ohne nennenswerte Buchhaltung. Aus Russland musste Farnood aufgrund von Betrugsvorwürfen flüchten, doch betrieb er anschließend Geldwechsel-Büros und Hawala-Niederlassungen in Dubai und erhielt dann von der Regierung Karzai die Lizenz zur Gründung der Kabul Bank. Nach außen hin war es die erste moderne, ins westlich-globale Finanzsystem eingebettete afghanische Bank, ein Vorzeigeprojekt der von Washington bis Berlin propagierten Erfolgsstory Afghanistans nach der US-amerikanischen Invasion.

In Wirklichkeit war die Kabul Bank, die schnell zur größten im Land wurde, eine Geldwaschanlage, die es der afghanischen Machtelite ermöglichte, das von ihr gestohlene, unterschlagene oder mit Drogen erwirtschaftete Geld vor allem auf Offshore-Konten Dubais zu verschieben. Farnood selbst plünderte die Konten einheimischer Anleger, um sich davon etwa Luxusimmobilien zu kaufen. Mit Hilfe von Krediten, die er sich selbst gewährte, kaufte er für 100 Millionen US-Dollar die Fluggesellschaft Pamir Airways, die vor allem zwischen Kabul und Dubai verkehrte. Das hatte für seine afghanische Klientel den Vorteil, dass sie nunmehr unbegrenzt Bargeld in die Vereinigten Arabischen Emirate ausfliegen konnte. Dafür wurden ganze Heerscharen an Kurieren eingesetzt, die beim Shaheen Money Exchange in Dubai ein und aus gingen. Die Wechselstube gehörte Farnood, der alles Weitere in die Wege leitete, gemäß der Wünsche seiner ehrenwerten Kundschaft.

Die Herren helfen, wo sie können

Als die Kabul Bank 2010 Insolvenz anmelden musste, hatten sich rund eine Milliarde US-Dollar in Luft aufgelöst. Das Geld war schlichtweg verschwunden – vermutlich in Richtung Dubai. Die für Afghanistan zuständigen US-Dienststellen wie auch die US-Botschaft in Kabul gerieten in Panik. Die Pleite hatte das Potential, eine politische Kernschmelze auszulösen. Rund 250.000 afghanische Soldaten, Polizisten oder Regierungsbeamte unterhielten ein Konto bei der Kabul Bank und liefen nun Gefahr, ihre Ersparnisse zu verlieren. Es gibt keine Beweise, aber vieles deutet darauf hin, dass die fehlenden Beträge zumindest teilweise aus Washington ausgeglichen wurden, um einen Kollaps der politischen Ordnung in Afghanistan zu verhindern. Laut «Afghanistan Papers» haben afghanische Beamte «mit Hilfe einer deutschen Bank in Frankfurt» 300 Millionen US-Dollar in bar nach Kabul einfliegen lassen. Dort, in Frankfurt, dürften auch die Amerikaner «geholfen» haben.

Juristische Folgen sollte der vorsätzlich herbeigeführte Bankrott lediglich für den CEO der Bank haben, einen Strohmann, und für Farnood. Zwar hatte der sich den Amerikanern als Kronzeuge angeboten, dennoch wurde er zu 15 Jahren Haft verurteilt. Er starb 2018 im Gefängnis. Nicht belangt wurde hingegen Mahmud Karzai, der drittgrößte Anteilseigner der Kabul Bank und ältere Bruder des afghanischen Präsidenten. (Vor 2001 war Mahmud Gastronom in Chicago gewesen.) Auch nicht «Marschall» Mohammed Fahim Khan, ein tadschikischer Warlord der übleren Sorte, Großaktionär der Bank und erster Vizepräsident unter Hamid Karzai (2009–2014). Beide, der Präsidenten-Bruder wie auch der Marschall, saßen im Aufsichtsrat der Bank. Die Regierung Obama verlangte von ihrem Statthalter in Kabul, dass er vollumfänglich zur Aufklärung des Skandals beitrage und einen entsprechenden Untersuchungsausschuss einrichte. Was er aber nicht tat, Hamid Karzai blockierte alle Versuche, die Hintergründe der Pleite aufzuklären. Warum, ist nicht schwer zu erraten.

Umgekehrt hielt man es auch in Washington für ratsamer, die Dinge unter den Teppich zu kehren. Auf dem Höhepunkt des *surge* konnte sich die Regierung Obama keinen Konflikt auf offener Bühne mit Karzai erlauben. Ebenso wenig wollte sie riskieren, dass der Zustrom ausländischer Hilfsgelder für Afghanistan wegen des Skandals um die Kabul Bank abreißen würde. (Der Vollständigkeit halber sei erwähnt, dass Fahim Khan, der 2014 an einer Krebserkrankung starb, wiederholt und monatelang auf Kosten der Bundesregierung, also des Steuerzahlers, in einem bayerischen Krankenhaus behandelt wurde. Wahrscheinlich hätte er Geld genug gehabt, das gesamte Krankenhaus zu kaufen.)

Zu den Ritualen westlicher Militärinterventionen zwecks «Demokratisierung» gehört es, eher früher als später Präsidentschafts- und Parlamentswahlen abzuhalten. So geschah es in Afghanistan, so geschah es im Irak. Dass kriegszerstörte Länder, in denen bereits die Versorgung mit Wasser und Strom nicht gewährleistet ist, selten empfänglich sind für politische Verhältnisse im Geist Westminsters, spielt dabei keine Rolle. Ebenso wenig der Umstand, dass in teilweise noch vormodernen Gesellschaften nicht das Parteiprogramm zählt, sondern die Zugehörigkeit zu einem Clan, einem Stamm, einer Religionsgemeinschaft, einer Ethnie. Egal, denn die Fassade zählt – die Heimatfront verlangt nach einer Erfolgsgeschichte.

Welches Wahlergebnis hätten 'S denn gern?

Beim ersten Wahlsieg Hamid Karzais 2004 erhielt er nach offiziellen Angaben 55 Prozent der Stimmen. Diese ersten Präsidentschaftswahlen waren die am wenigsten gefälschten, auch die am wenigsten von Gewalt und Terror begleiteten. Dennoch fehlte es auch hier nicht an Betrugsvorwürfen und Einschüchterungsversuchen. Insbesondere fiel auf, dass die Wählerverzeichnisse in verschiedenen Regionen mehr Wahlberechtigte führten, als es Einwohner gab. Hamid Karzais Bruder Ahmed Wali Karzai soll dafür gesorgt haben, dass die Paschtunen in seinem Machtbereich ihr Kreuz an der richtigen Stelle setzten. Eine gemeinsame Wahlkommission aus Afghanen und Vertretern der Vereinten Nationen erklärte die Wahlen abschließend für «fair und frei».

Bei Karzais Wiederwahl 2009 ging es bereits deutlich rustikaler zu. Betrug die Wahlbeteiligung 2004 nach offiziellen Angaben noch 70 Prozent, lag sie fünf Jahre später NATO-Angaben zufolge bei 50 Prozent, laut den Vereinten Nationen bei 30 bis 33 Prozent. Der Siegeszug der Taliban schlug sich nicht allein in zahlreichen Anschlägen im Vorfeld der Wahl nieder. In deren Hochburgen, etwa der Provinz Helmand, beteiligten sich gerade einmal 500 Männer an der Präsidentschaftswahl (und nicht eine einzige Frau). Angst vor Anschlägen und Repressionen seitens der Taliban hat dabei eine maßgebliche Rolle gespielt, nicht weniger aber die abgrundtiefe Verachtung für die Kabuler Kriegsherren und Kleptokraten auf Seiten einfacher Afghanen. Landesweit kam es zu umfangreichen Wahlfälschungen, für die Karzais Regierung verantwortlich gemacht wurde. Tagelange Unruhen mit rund 30 Toten waren die Folge. Erst zwei Monate nach der Wahl, im Oktober 2009, gab die Wahlkommission das offizielle Wahlergebnis bekannt. Demzufolge waren auf Karzai 49,67 Prozent der Stimmen entfallen – man scheute sich wohl, ihm 50 Prozent plus zu gewähren, womit die Stichwahl gegen den zweitstärksten Kandidaten, den Tadschiken Abdallah Abdallah, entfallen wäre.

Die wenigsten Afghanen hielten das Wahlergebnis für glaubwürdig. Aus gutem Grund, laut einer UN-Untersuchungskommission waren eine Million Wahlzettel zugunsten Karzais gefälscht worden. Das entsprach einem Viertel der für ihn abgegebenen Stimmen. Karzai selbst verweigerte sich einer Stichwahl mit dem Argument, er hätte mehr als 50 Prozent der Stimmen erhalten. Eine Neuauszählung lehnte er ab. Unterdessen hatten die Amerikaner konstruktive Gespräche mit Abdallah geführt und ihn davon überzeugt, Karzais Vizepräsident zu werden – sicher nicht zu seinem finanziellen Nachteil. Abdallah erklärte, er verzichte auf die Stichwahl, um nicht weiteren blutigen Protesten Vorschub zu leisten.

Um die Heuchelei zu vollenden, reisten eine hochrangige US-Delegation, aber auch zahlreiche europäische Politiker zur Amtseinführung Karzais im November 2009. Insgesamt 800 VIPs gaben sich im Präsidentenpalast in Kabul die Ehre, US-Außenministerin Hillary Clinton hielt eine bewegende Rede: «So viele tapfere Amerikaner dienen hier, weil wir glauben, Fortschritte machen zu können.» Jeder unter den Ehrengästen wusste, dass die Wahlen eine Farce waren, Karzai sie gestohlen hatte. Aber: *the show must go on.*

Trotz der vielen warmen Worte seiner westlichen Gönner ging Hamid Karzai in seiner zweiten Amtszeit zunehmend auf Distanz zu Washington. Wahrscheinlich wusste er längst, dass dieses Regierungssystem, von dem er selbst so trefflich über Jahre hinweg zu profitieren verstand, keinen Bestand haben würde. Er suchte seine Machtbasis zu erweitern, indem er sich verstärkt mit den Warlords der ethnischen Minderheiten ins Benehmen setzte, mit ihnen politische Deals aushandelte. Gleichzeitig trat er für Gespräche und Verhandlungen mit den Taliban ein und kritisierte offen die Art und Weise der westlichen Kriegsführung mit ihren vielen zivilen Opfern. Mit dergleichen Wendehals-Manövern empfahl er sich namentlich den Taliban als potentieller Partner. Diese Strategie sollte sich auszahlen, denn nach deren Machtübernahme im August 2021 konnte er im Land bleiben und wurde neben Abdallah Abdallah zu einem wichtigen Brückenbauer zwischen den Taliban und der Außenwelt.

Nachfolger Karzais im Amt des afghanischen Präsidenten wurde 2014 der Paschtune Ashraf Ghani, der bis zu seiner Rückkehr nach Afghanistan im November 2001 länger in den USA als in seiner Heimat gelebt hatte. In New York studierte er Anthropologie und Politologie, Fächer, die er anschließend an der Universität von Berkeley, Kalifornien, lehrte. In den 1990ern machte er Karriere bei der Weltbank, von 2002 bis 2004 war er Finanzminister Afghanistans. Bei den Wahlen im April 2014 erhielt Ghani 32 Prozent der Stimmen, sein Konkurrent Abdallah Abdallah 45 Prozent. Obwohl die übrigen Kandidaten, die nunmehr ausgeschieden waren, sich für die Wahl Abdallahs in der Stichwahl ausgesprochen hatten, siegte Ghani im Juni mit angeblich 56 Prozent der Stimmen – Wahlfälschung macht's möglich. Abdallah erkannte das Wahlergebnis nicht an, es kam zu schweren, landesweiten Unruhen. US-Außenminister John Kerry reiste nach Kabul und schlug eine erneute Stimmenauszählung vor. Dazu kam es nicht, die «unabhängige Wahlkommission» erklärte Ghani im September offiziell zum Wahlsieger, ohne jedoch ein amtliches Wahlergebnis vorzulegen. Die «Wahlsieger» teilten sich stattdessen die Macht: Ghani wurde Präsident, Abdallah sein Vize. Das offizielle Wahlergebnis der Stichwahl blieb unter Verschluss.

Es ist offenkundig, dass so gezählt wurde wie politisch erwünscht: Die USA wollten keinen Tadschiken als Präsidenten, der besser Persisch sprach als Englisch. Bei Ghanis Wiederwahl 2019 wiederholte sich der offenkundige Wahlbetrug, unter veränderten Vorzeichen und bei einer Wahlbeiteiligung von offiziell 20 Prozent. Tatsächlich dürfte sie eher im einstelligen Bereich gelegen haben. Ghani soll mit 50,64 Prozent der Stimmen gewählt worden sein – gerade genug, um eine Stichwahl zu vermeiden. Abdallah erkannte das Wahlergebnis nicht an und ernannte sich im März 2020 zum Präsidenten Nordafghanistans, während sich Ghani zum Präsidenten Gesamtafghanistans küren ließ. Daraufhin drohten die USA mit der Kürzung von Finanzhilfen in Höhe von einer Milliarde US-Dollar. Abdallah gab nach und wurde im Mai ein weiteres Mal Vizepräsident unter Ghani. (Ein afghanischer Präsident konnte mehrere Vizepräsidenten ernennen. Der Warlord Dostum war zeitgleich Vizepräsident.)

Am 15. August 2021, dem Tag der Machtübernahme in Kabul durch die Taliban, flohen Ghani und seine Entourage mit Koffern voller Geld per Hubschrauber nach Tadschikistan. Dabei haben sie angeblich rund 150 Millionen US-Dollar aus der Staatsbank «mitgenommen». Anschließend ließ sich Ghani in Dubai nieder – *follow the money*.

«Have a great day, buddy»

Zu den verstörenden Mustern des «Krieges gegen den Terror» in Afghanistan gehörten die regelmäßigen «Kollateralschäden» unter der Zivilbevölkerung. Überaus häufig kam es zu Bombardements von Hochzeitgesellschaften. Um ins Visier zu geraten, reichte es aus, dass bei Hochzeiten aus Freude in die Luft geschossen wurde – eine übliche Praxis auf dem Land. Flog zufällig ein US-Kampfhubschrauber oder -Kampfjet in der Nähe vorbei, lief das für die Feiernden auf ein Todesurteil hinaus. Der erste dokumentierte Vorfall dieser Art ereignete sich bereits im Dezember 2001. Politische Wellen schlug aber erst ein Angriff im Juni 2002, auf ein Dorf 150 Kilometer nördlich von Kandahar. Als Reaktion auf Freudenschüsse bombardierten und beschossen ein AC-130 Kampfflugzeug und ein B-52- (!) Langstreckenbomber das Gebiet rund um das Dorf. Mindestens 30 Afghanen wurden getötet, 40 verletzt. Die meisten Opfer waren Frauen und Kinder.

Die zuständigen US- oder NATO-Dienststellen reagierten auf solche Ereignisse stets mit derselben Mischung aus Relativierung und Rechtfertigung. Was es dagegen nicht gab, waren klare Regieanweisungen von oben: im Zweifel nicht schießen. Kaum ein paar Wochen vergingen, 20 Jahre lang, ohne dass Hochzeitsfeiern in Afghanistan tödlich endeten. Große Empörung löste das Massaker von Haska Mayna aus, benannt nach der Region, in der es stattfand, in der östlichen Provinz Nangarhar. Am 6. Juli 2008 flanierte eine Hochzeitsgesellschaft aus Frauen und Kindern zum Haus des Bräutigams im Nachbardorf. Als die Gruppe unterwegs eine Rast machte, wurde sie ohne Vorwarnung und grundlos bombardiert. Die erste Bombe tötete eine Gruppe Kinder, die vorausgelaufen war. Kurz darauf kehrte der US-Kampfjet zurück und warf eine zweite Bombe in die Hochzeitsgesellschaft hinein. Fast alle Frauen starben. Allein die Braut und zwei Mädchen überlebten zunächst, wurden aber auf ihrer Flucht von einer dritten Bombe erfasst.

Insgesamt wurden 47 Frauen und Kinder getötet – ermordet –, alle Zivilisten, kein einziger Kämpfer, nirgendwo ein Gewehr. Die Leichen waren dermaßen zerfetzt, dass die Überreste nicht mehr einzelnen Toten zuzuordnen waren. Die US-Armee blieb bei ihrer Darstellung, man habe Aufständische ins Visier genommen, ein «target of opportunity» angegriffen, also ein legitimes Ziel erfasst, aus gegebenem Anlass.

Für das Image der westlichen Kriegsallianz nicht minder verheerend waren die wiederholten perversen Exzesse enthemmter Soldaten. Ein Video, das mehrere US-Marines zeigt, wie sie auf tote Taliban-Kämpfer urinieren, ging im Januar 2012 auf sozialen Medien viral und löste große Empörung in Afghanistan und der islamischen Welt aus. Dabei hört man die Marinesoldaten sagen: «Have a great day, buddy», «Golden like a shower» (gemeint ist offenbar der Urinstrahl) und «Yeah!».

Daraufhin erschoss ein afghanischer Soldat – also kein Aufständischer – vier französische Soldaten, nach eigenem Bekunden als Reaktion auf dieses Video. Zu einem Vorfall mit ähnlich verheerender Resonanz kam es einen Monat später, im Februar 2012, als US-Soldaten «ausgemusterte» Bücher mit islamischen Texten, darunter 48 Exemplare des Korans, auf ihrer Luftwaffenbasis Bagram verbrannten. Landesweite Proteste waren die Folge, mindestens 23 Menschen starben, darunter vier US-Soldaten. Die Taliban nahmen die beiden Vorfälle zum Anlass, am 15. April 2012 in ganz Afghanistan Objekte der Regierung und der NATO koordiniert anzugreifen, auch mit Selbstmordattentätern. Die Angriffe wurden Auftakt einer erneuten Frühjahrsoffensive.

Juristische Folgen hatten dergleichen Übergriffe amerikanischer Soldaten nicht. Einzig Unteroffizier Joseph Chamblin («Have a great day, buddy») wurde zunächst zur Zahlung einer Geldstrafe von 500 US-Dollar verurteilt. Er ging in Berufung und wurde sechs Jahre später, 2018, endgültig freigesprochen. Über seine Abenteuer veröffentlichte er ein Buch mit dem Titel *Into Infamy. A Marine Sniper's War* (Hinein in die Infamie. Der Krieg eines Scharfschützen der Marines). Darin erzählt Chamblin «die

Geschichte mutiger junger Männer, die von den Medien und ihren Vorgesetzen dämonisiert worden sind – obwohl sie Auszeichnungen verdient hätten für ihre wegweisenden Taten als Scharfschützen der Marines im Kampfeinsatz».

Die einzige Nation, die bislang damit begonnen hat, ihre Kriegsverbrechen in Afghanistan aufzuarbeiten, ist Australien. Australische Elitesoldaten der Special Air Service-Einheiten (SAS) waren so frei, zwischen 2005 und 2016 mindestens 39 afghanische Zivilisten zu ermorden. Das geschah im Rahmen eines Aufnahmerituals für Neuankömmlinge, «blooding» genannt. Der jeweilige Neuzugang hatte seine Kaltblütigkeit «nachzuweisen», indem er etwa einen Bauern bei der Feldarbeit ins Visier nahm. Sobald der Bauer unter Beschuss geriet, ergriff er natürlich die Flucht. Der Soldat stellte nun seinen vermeintlichen Mut unter Beweis, indem er dem Mann nachstellte und ihn eine Zeitlang zum Spaß jagte – bis zum Fangschuss. Aufsehen erregte auch das Foto eines australischen Soldaten, der auf einer NATO-Basis aus der Beinprothese eines getöteten angeblichen Taliban-Kämpfers Bier trinkt.

Nicht etwa australische Behörden haben dergleichen Perversionen und Kriegsverbrechen aufgedeckt, sondern Journalisten des Fernsehsenders ABC. Nachdem die ihre ersten Rechercheergebnisse veröffentlicht hatten, geschah etwas durchaus Vertrautes. Die australische Bundespolizei untersuchte die Redaktionsräume und beschlagnahmte zahlreiche Datenträger. Im Vordergrund stand der Vorwurf unautorisierter Veröffentlichung und des Geheimnisverrates. Wieder einmal sollten die Überbringer der Botschaft für die von ihnen übermittelte Botschaft büßen – keineswegs die ursächlich Verantwortlichen. Doch allen Ablenkungsmanövern zum Trotz gestand das Verteidigungsministerium in Canberra im November 2020 öffentlich ein, dass australische Soldaten in Afghanistan Kriegsverbrechen begangen haben. Inwieweit die Täter belangt würden, blieb offen. In der Regel ziehen es Militärs weltweit vor, solche Fälle «intern» zu regeln, möglichst nicht vor einem Zivilgericht, und/oder die betreffende Person unehrenhaft zu entlassen.

Ein deutsches Massaker: Oberst Klein und das laute Schweigen in Berlin

In Deutschland, beim Weltmeister der Erinnerungskultur, deutet bislang nichts auf eine kritische Auseinandersetzung mit der eigenen Rolle in Afghanistan hin. Aus den «Afghanistan Papers» geht recht unmissverständlich hervor, dass weder die USA noch die NATO die Bundeswehr übermäßig ernst genommen haben. Die deutschen Tornado-Kampfjets seien nur «in Sonderfällen» zu verwenden gewesen, der nahezu ausschließliche Einsatz in der vergleichsweisen Komfortzone Nordafghanistans wurde den Deutschen angekreidet. Befremden lösten die gigantischen Alkoholvorräte der Bundeswehr vor Ort aus. 2007 «hat die deutsche Regierung 260.000 Gallonen Bier», also rund eine Million (!) Liter, «und 18.000 Gallonen Wein», etwa 72.000 Liter, «in die Kriegszone geschickt, für 3500 Soldaten». Wer damit was bezweckt hat, sei dahingestellt. Zum Vergleich: Auf dem Oktoberfest in München wurden 2019 7,3 Millionen Liter Bier konsumiert – von insgesamt allerdings rund 6,3 Millionen Besuchern. Im Verlauf ihres Truppenabzugs aus Afghanistan im August 2021 soll die Bundeswehr auch 65.000 Dosen Bier und weitere Alkoholika repatriiert haben – *first things first*.

«Die Leute»

Doch lieber solche Possen als ein Kriegsverbrechen. Am 3. September 2009 hatten Taliban-Kämpfer zwei voll befüllte Tanklastwagen südlich der Stadt Kunduz entführt, unweit des dortigen Bundeswehr-Camps. Beim Durchqueren des Flusses Kunduz blieben die Wagen in einer Furt stecken. Kurz darauf eilten Bewohner naheliegender Dörfer herbei, um Benzin abzuzapfen. Darunter auch zahlreiche Kinder. Am 4. September um zwei Uhr Ortszeit wurde die Lokalität von zwei US-Kampfflugzeugen bombardiert. Georg Klein, Oberst der Bundeswehr und Kommandeur einer ISAF-Einheit vor Ort, hatte den Bombenabwurf angeordnet. Ohne genaue Kenntnis der Sachlage, wesentlich auf Grundlage der Berichte eines afghanischen Mittelsmanns, teilte Klein den Amerikanern mit, bewaffnete Taliban-Kämpfer hätten sich rund um die Furt versammelt, es bestehe «Feindkontakt» sowie eine «unmittelbare Bedrohung». Tatsächlich aber hatten dort keinerlei Kampfhandlungen stattgefunden, wie sich später herausstellte. Damit war laut ISAF-Einsatzregeln auch kein Anlass gegeben, die Tanklaster zu bombardieren.

Diese Fehleinschätzung Kleins ist nicht zu entschuldigen mit «Gefahr im Verzug» oder einer schicksalhaften Verkettung unglücklicher Umstände. Denn vor dem Bombenabwurf hatte ein US-Pilot um weitere Sachaufklärung über das Angriffsziel gebeten. Das lehnte der deutsche Fliegerleitoffizier ab und gab den Befehl Kleins zum Bombardieren durch. Mehrfach, fünf Mal, hatten die US-Piloten angeboten, die Personen an den Tanklastern durch einen Tiefflug erst einmal zu vertreiben. Die Deutschen lehnten das ab. Auf die Frage eines Piloten: «Wollen Sie die Fahrzeuge oder die Leute treffen?», lautete die Antwort des

Fliegerleitoffiziers: «Die Leute.» Von den Personen vor Ort gehe eine unmittelbare Bedrohung aus.[20] Wie Oberst Klein und seine Untergebenen zu diesem Schluss gelangen konnten, ist sachlich nicht nachzuvollziehen. Entweder war ihnen die Faktenlage egal oder aber sie haben vorsätzlich den Tod von Zivilisten in Kauf genommen. In beiden Fällen hätten sie, unbeschadet der juristischen Bewertung, in militärischer wie ethischer Hinsicht eklatant versagt.

Die Bomber-Piloten meldeten nach ihrem Angriff 56 Tote am Einschlagsort. Allerdings dürfte die tatsächliche Opferzahl höher gewesen sein, da Dorfbewohner zwischenzeitlich Tote und Verletzte geborgen hatten. Nicht zuletzt afghanische Quellen beziffern die Anzahl der Toten infolge der beiden Bombenabwürfe auf 100 bis 150. Es handelt sich dabei um die höchste Opferzahl bei einem Kampfeinsatz sowohl in der Geschichte der Bundeswehr wie auch der ISAF. Die allermeisten dieser Toten waren Zivilisten.

Oberst Klein, der nie das geringste Bedauern, geschweige denn Reue für seine ebenso fragwürdige wie mörderische Entscheidung gezeigt hat, musste sich vor keinem Militär- oder Zivilgericht verantworten. Ganz im Gegenteil wurde er im März 2013 zum Brigadegeneral befördert. Alle staatsanwaltlichen Ermittlungen gegen Klein waren zwischenzeitlich eingestellt worden. Im April 2017 rückte er auf zum Generalmajor, seit April 2021 ist Klein Abteilungsleiter Einsatz im Kommando Streitkräftebasis in Bonn – eine wahrhaft steile Karriere.

Die Politik bemühte sich um Schadensbegrenzung. Die Mehrheit der Deutschen lehnt Auslandseinsätze der Bundeswehr ab, dementsprechend stellte Kunduz den größtmöglichen Imageschaden dar. Das mag die Reaktionen der Bundeswehrführung wie auch der Bundesregierung erklären: Salamitaktik bei der Aufklärung, tarnen und täuschen. Nur bruchstückhaft gelangten Informationen über den Tathergang an die Öffentlichkeit, vor allem über die große Zahl getöteter Zivilisten. Die Verantwortlichen gaben nur so viel preis wie unvermeidlich. Innen- wie außenpolitisch stand Berlin wegen dieser «Kunduz-Affäre» erheblich unter Druck. Als sich herausstellte, dass Verteidigungsminister Franz Josef Jung (CDU) den Bundestag wie auch die Öffentlichkeit verspätet, unvollständig und falsch über den Tod so vieler Zivilisten informiert hatte, musste er Ende November 2009 zurücktreten. Als Arbeitsminister, der er inzwischen war. Sein Nachfolger, Verteidigungsminister zu Guttenberg (CSU), entließ den Generalinspekteur der Bundeswehr und einen Staatssekretär – Schadensbegrenzung. Drei Karrieren hatten ein vorzeitiges Ende gefunden, der obligate Untersuchungsausschuss legte den obligaten Abschlussbericht vor, am 1. Dezember 2011 folgte eine zahme Abschlussdebatte im Bundestag – Fall erledigt.

Eine mörderische Entscheidung

Die Bundeswehr zahlte jeder Opferfamilie von Kunduz 5000 US-Dollar Entschädigung – unabhängig davon, wie viele Familienangehörige getötet worden waren. Zum Vergleich: Das monatliche Einstiegsgehalt eines Brigadegenerals, Besoldungsgruppe B 6, beläuft sich auf mindestens 10.600,22 Euro. Die Hinterbliebenen der insgesamt 59 gefallenen deutschen Soldaten in Afghanistan erhielten jeweils 100.000 Euro «Entschädigung». Alle Versuche einer juristischen Verurteilung des Angriffs scheiterten ebenso wie das Bemühen, höhere Entschädigungszahlungen für die afghanischen Opfer zu erwirken. Vor allen zuständigen Instanzen deutscher Gerichtsbarkeit sowie dem Europäischen Gerichtshof für Menschenrechte in Straßburg – ein schönes Beispiel richterlicher Unabhängigkeit.

Obwohl die Bundeswehr im Fall Kunduz gegen ISAF- und NATO-Regeln verstoßen hatte, zeigte die Politik wenig Neigung zur Aufklärung, jenseits des erforderlichen Minimums. Das Schweigen der Kanzlerin in dieser Angelegenheit war dröhnend. Auf keinen Fall durfte in der Öffentlichkeit der Eindruck entstehen, der Bundeswehr-Einsatz in Afghanistan sei fragwürdig, der NATO-Einsatz am Hindukusch falsch. Denn die NATO ist die Ultima Ratio transatlantischer Werteorientierung und Sicherheitsstrategie.

Hollywood versteht es glänzend, fragwürdige Militäreinsätze in Heldenepen umzudichten, wie aufgezeigt. Das schafft allerdings auch das öffentlich-rechtliche Fernsehen in Deutschland, wenngleich biedersinniger. 2013 entstand, unter Federführung des NDR, der Film *Eine mörderische Entscheidung*, ausgewiesen als «Drama/Dokumentarfilm». Im Zentrum des Geschehens steht Oberst Klein. Zum Inhalt heißt es: «Klein befürchtet, dass die Taliban mit den Tankwagen einen Anschlag auf das (deutsche) Camp der Soldaten planen. Während in der Truppe der Ruf nach Vergeltung aufkommt, sieht sich Oberst Klein aufgrund der bedrohten Sicherheit des Camps zum Handeln gezwungen und muss eine schwere Entscheidung treffen.» Ein Kriegsverbrechen als Melodram – es menschelt. Was hat dieser Leidgeprüfte in Uniform nicht alles über sich ergehen lassen müssen! Und wer wollte sich da noch über ihn erheben, den tragisch Heimgesuchten moralisch, juristisch gar, verurteilen?

In Fragen, die grundlegende staatliche Interessen berühren, zeigt sich die Justiz der Politik gerne untertan, so auch im Fall Kunduz. Allein deswegen, weil kein Richter in eine Führungsposition aufrückt ohne vorheriges Plazet der maßgeblichen Mandatsträger – vom Oberlandesgericht an aufwärts. Dieser Hintergrund mag die Wortmeldung zweier Richter am Bundesgerichtshof in Karlsruhe erklären helfen. Im August 2021 fühlten sie sich bemüßigt, unmittelbar vor dem chaotischen Abzug der US- und NATO-Truppen aus Kabul, sich des Themas Kunduz anzunehmen und ein gutes Wort für Georg Klein einzulegen. In einem ausführlichen Leserbrief an die *Neue Juristische Wochenschrift* (NJW 32/2021) bezweifeln sie die hohe Zahl ziviler Opfer, prangern sie die falsche Darstellung der Ereignisse von Kunduz an und beklagen den «Propagandaerfolg der Taliban». Die beiden Richter, einer von ihnen gehört zu den 19 Vorsitzenden Richtern des BGH, behaupten, der richtige Sachverhalt sei ihnen «zuverlässig bekannt». Die von ihnen vorgenommene «richtige» Einordnung sei «für die politische Bewertung und für das Ansehen der Bundeswehr von hoher Relevanz». Demzufolge habe die ISAF lediglich «Spuren von 12 bis 13 Personen gefunden», am Einschlagort der Bomben. «Es ist sehr ärgerlich, dass diese öffentlich zugänglichen Quellen, die ein zuverlässiges Bild vom Sachverhalt vermitteln, von der Allgemeinpresse ungenutzt blieben».

Die Generalbundesanwaltschaft, welche die Ermittlungen gegen Klein an sich gezogen und im April 2010 eingestellt hatte, ging allerdings von bis zu 99 Toten aus.[21] Weder die Bundeswehr noch die Bundesregierung bestreiten offiziell, dass es weniger als 56 Tote gegeben habe, wie von den Bomber-Piloten angegeben. Es mutet befremdlich an, wenn ein Vorsitzender Richter der höchsten juristischen Instanz in Zivil- und Strafverfahren in diesem Land sowie ein gleichgesinnter Adlatus auf der Grundlage von Pseudo-Wissen urteilen. In anderem Zusammenhang würde man wohl von «Fake News» sprechen. Der Leserbrief endet mit den Worten: «Menschlich höchst bedauerlich ist, dass der seinerzeitige Kommandeur in der Öffentlichkeit deshalb weiterhin in einem völlig falschen Licht steht.»

Menschlich weniger bedauerlich ist offenbar der Tod mehrerer Dutzend afghanischer Zivilisten. Mag sein, dass die in die Kategorie «Spuren von Personen» fallen.

«Wächter der Freiheit»: Der zweite Siegeszug der Taliban

Ungeachtet des *surge* und eines milliardenschweren Geldregens blieb die Lage in Afghanistan prekär, konnte die Obama-Administration keinen Etappensieg für sich verbuchen. Theoretisch hätte die Liquidierung Osama bin Ladens im pakistanischen Abbottabad am 2. Mai 2011 den Amerikanern erlaubt, ein weiteres Mal *mission accomplished* zu verkünden: Der Terror ist besiegt, zumindest symbolisch, 9/11 gesühnt, wir ziehen ab. Das Regime in Kabul allerdings war ohne westliches Militär nicht überlebensfähig. Und die Hoffnung der NATO, einheimische Sicherheitskräfte könnten gegen die Taliban bestehen, blieb auch weiterhin eine Illusion. 2011 beschloss die Obama-Regierung, die afghanische Armee auf 325.000 Soldaten aufzustocken und mehrere Zehntausend zusätzliche Polizeistellen zu schaffen.

Eine Geisterarmee

Auf dem Papier sah das gut aus, in der Praxis deutlich weniger. Warum sollte denn die Loyalität eines afghanischen Polizisten oder Soldaten einer ebenso korrupten wie oft genug verhassten Zentralregierung gelten, im Dienst ausländischer Besatzungsmächte? Wie in anderem Kontext beschrieben, gilt die Loyalität der meisten Afghanen dem eigenen Stamm, der eigenen Ethnie, der eigenen Sprachgruppe. Historisch gesehen war ein kampfbereiter Afghane stets ein Stammeskrieger, in seiner eigenen Region verwurzelt und ihr gegenüber loyal. Welchen Anlass hätte er, diese Tradition aufzugeben zugunsten einer ihm fremden Zentralmacht, von der er nichts zu erwarten hat? Bei einem Monatssold für einfache Soldaten oder Polizisten um die 60 Euro? Die wenigsten gingen aus Überzeugung zur Armee oder zur Polizei, sondern aus wirtschaftlicher Not oder Kalkül.

Hinzu kommt, dass die sogenannten Sicherheitskräfte in Afghanistan oft genug auftraten wie Schwerverbrecher. Viele Polizeirekruten nutzten die ihnen ausgehändigten Waffen, um eigene, private Checkpoints einzurichten oder Banden zu bilden, die Wegelagerei betrieben. Die Desertionsrate der Polizei lag den «Afghanistan Papers» zufolge bei 30 Prozent. Bei der Armee dürfte es nicht viel besser ausgesehen haben. Da der Fisch vom Kopf her stinkt, waren auch auf unterer Ebene Korruption und Selbstbereicherung die Regel, nicht die Ausnahme. Organisiert war die afghanische Armee wie auch die Polizei eher wie Milizen. Mit dem Image von Ganoven, nicht von Ordnungshütern. Abertausende standen auf den Gehaltslisten, existierten aber in Wirklichkeit nicht. Deren Gehälter strichen stattdessen Vorgesetzte ein.

Zu allem Überfluss stand Präsident Obama innenpolitisch unter Druck. Die meisten Amerikaner waren ihrer kostspieligen Kriege in Afghanistan und im Irak überdrüssig, während gleichzeitig die Infrastruktur im eigenen Land ersichtlich zerfiel, die sozialen Gegensätze zunahmen. Ende 2014 bereits lag die US-Truppenstärke in Afghanistan bei nur noch 10.800 Soldaten, ein Minus von 90 Prozent verglichen mit dem Höhepunkt des *surge* 2010. Obama versprach, die übrigen Soldaten bis Ende 2016, dem Ende seiner Amtszeit, abzuziehen – wohl wissend, dass das nicht geschehen würde. In dieser Phase des Krieges folgte die NATO nur noch der magischen Formel: Einheimische Sicherheitskräfte sorgen für die Sicherheit Afghanistans. Äußerlich abzulesen an Namensänderungen. 2015 wurde die ISAF umbenannt in «Resolute Support Mission», analog die «Operation Enduring Freedom» in «Operation Freedom's Sentinel» (Wächter der Freiheit). Alter Wein in neuen Schläuchen, um der Heimatfront zu signalisieren: Alles wird gut. Ein wenig Geduld noch, und der Afghane hat endlich begriffen, wie man Demokratie buchstabiert.

Doch die Taliban setzten ihren Vormarsch unbeirrt fort, während US- und NATO-Kampfjets auch weiterhin eher die falschen als relevante Ziele bombardierten, Drohnen in großer Zahl über Afghanistan schwirrten, teils in geringer Höhe, und die Bevölkerung terrorisierten. Die konnte nie wissen, wo und wann der nächste Einschlag erfolgt, wer das nächste Opfer wird – übrigens nicht nur in den Paschtunengebieten diesseits der Grenze, sondern ebenso auf pakistanischer Seite.

2015 etablierte sich der Islamische Staat als eigenständige militärische Größe in Afghanistan. US-Militärs schätzten die Zahl von dessen Anhängern Anfang 2016 auf 1000 bis 3000 Kämpfer, darunter ehemalige Taliban. Al-Qaida hatte zu dem Zeitpunkt längst keine Bedeutung mehr, die Zahl ihrer Kämpfer in Afghanistan gab General Charles Cleveland auf einer Pressekonferenz im Mai 2016 mit 100 bis 300 an. Er räumte allerdings ein, dass es sich dabei um einen SWAG handele – die Abkürzung von «scientific, wild-ass guess», in etwa eine wilde Vermutung. «Krieg gegen den Terror» – gegen 100 bis 300 Mann, den Restbestand von 9/11 ...?!

Am 28. September 2015 gelang es den Taliban erstmals seit ihrem Sturz 2001, eine Stadt zurückzuerobern: Kunduz. 500 Taliban griffen sie von drei Seiten an, die 7000 Mann starken Regierungstruppen flüchteten, soweit möglich, oder verschanzten sich auf dem Flughafen. US Special Forces benötigten anschließend zwei Wochen, um die Taliban wieder zu vertreiben. Am 3. Oktober griff ein US-Kampfflugzeug der Sorte AC-130, interne Funkkennung «Hammer», ein deutlich mit rotem Kreuz auf weißem Grund gekennzeichnetes Krankenhaus an und belegte es mit schwerem Feuer aus den Bordkanonen. Mehrfach flog das Flugzeug erst aus der einen, dann aus der entgegengesetzten Richtung über das Gebäude. Der Dauerbeschuss zersiebte es regelrecht. 42 afghanische Zivilisten starben, Ärzte wie Patienten. Wahrscheinlich hätte das außerhalb Afghanistans niemanden interessiert, doch gehörte dieses Krankenhaus den «Ärzten ohne Grenzen». Das ist die weltweit größte unabhängige Hilfsorganisation für medizinische Nothilfe mit Hauptsitz in Genf. 1999 erhielt sie den Friedensnobelpreis. Wohl wissend um die Kämpfe in Kunduz hatten die «Ärzte ohne Grenzen» den US-Militärs sogar die genauen geografischen Koordinaten ihres Krankenhauses mitgeteilt, um einen versehentlichen Angriff zu vermeiden.

Nachdem Washington zunächst jedwede Verantwortung zurückgewiesen hatte, erforderten die Angaben der «Ärzte ohne Grenzen» eine Kurskorrektur. Präsident Obama persönlich bat um Entschuldigung, eine US-Untersuchungskommission machte anschließend «den Nebel des Krieges» sowie menschliches und technisches Versagen für den Vorfall verantwortlich: die Bordkanonen hätten geklemmt. Das war's. Niemand aus dem Umfeld westlicher Politik oder der Leitmedien wäre auf die Idee gekommen, den USA deswegen ein Kriegsverbrechen vorzuwerfen.

Dennoch zwang die Macht des Faktischen die Regierung Obama zu einer Neubewertung der Gefechtslage. Angefangen damit, dass sie Katar 2013 grünes Licht erteilte für die Eröffnung einer diplomatischen Vertretung der Taliban in Doha. Während aber die afghanischen Präsidenten Karzai und Ghani mit größer werdendem Nachdruck auf Verhandlungen mit den Religionsstudenten drängten, lehnte Washington das offiziell ab. Dennoch hatten sich US-Vertreter 2011 erstmals mit Taliban-Offiziellen in Pakistan getroffen, beendeten die Gespräche jedoch nach zwei Monaten. Versuche, sie wieder aufzunehmen, scheiterten im Folgejahr. Informelle Kontakte zwischen Kabul und den Taliban gab es wiederholt, doch blieben sie ergebnislos. Im Januar 2016 organisierte die pakistanische Regierung eine Gesprächsrunde mit Vertretern aus Kabul, China und den USA, die Taliban allerdings blieben dem Treffen im letzten Moment fern. Je länger der Krieg andauerte, je mehr die NATO in die Defensive geriet, umso weniger sahen sie Veranlassung zu Kompromissen. Die Zeit arbeitete für sie, nicht gegen sie.

Die Mutter aller Bomben

Ende 2015/Anfang 2016 kam es zu einem erstaunlichen Strategiewechsel in Washington. Offenbar hatte man dort nun doch verstanden, dass die Taliban militärisch nicht aus der Welt zu schaffen sind. Um Verhandlungen mit ihnen zu erleichtern, änderte das Pentagon die Einsatzrichtlinien. Nunmehr durften US-Soldaten in Afghanistan nach Belieben den Islamischen Staat und die kümmerlichen Reste Al-Qaidas angreifen. Die Taliban dagegen nur noch dann, wenn sie selbst angegriffen wurden – oder um zu verhindern, dass afghanische Sicherheitskräfte «ausgelöscht werden könnten». John F. Campbell, Befehlshaber der Mission Resolute Support und der US-Streitkräfte in Afghanistan, erklärte in dem Zusammenhang im Februar 2016 bei einer Anhörung im Senat: «Unser Land hat die Entscheidung getroffen, dass wir uns nicht im Krieg mit den Taliban befinden.»

Zwar wurde Campbell am 2. März seines Amtes enthoben – ein Hinweis wohl darauf, dass die Widersacher der neuen Strategie noch Oberwasser hatten. Doch die Taliban setzten ihren Vormarsch fort, eroberten 2016 ein weiteres Mal Kunduz und die Provinz Helmand im Süden. Als Präsident Trump 2017 die Macht übernahm, befanden sich noch rund 8400 US-Soldaten in Afghanistan.

Und ewig grüßt das Murmeltier: Auch Trump setzte auf Stärke. Die Truppenzahl wurde auf 14.000 erhöht. Vor allem aber autorisierte er das US-Militär, seine Bombenkampagnen und Drohnenangriffe ohne Rücksicht auf Verluste auszuweiten. 2017 verdoppelten sich die Luftschläge, verdreifachte sich die Menge abgeworfener Bomben und abgefeuerter Raketen. In jedem Jahr der Amtszeit Trumps nahmen die Angriffe zu. Die Zahl der zivilen Toten verdoppelte sich im Vergleich zur Amtszeit Obamas. Trump hoffte wie auch seine Vorgänger, die Taliban in die Kapitulation zwingen zu können. Unabhängig davon, dass die Anwendung exzessiver Gewalt seiner charakterlichen Veranlagung entgegengekommen sein dürfte.

Am 13. April 2017 warf die US-Luftwaffe im Osten Afghanistans, in der Provinz Nangarhar, direkt an der pakistanischen Grenze, die größte nicht-nukleare Bombe ab, die jemals bei einem Kriegseinsatz Verwendung fand. Eine MOAB, Massive Ordnance Air Blast (Massive Luftexplosionswaffe), auch Mother of all Bombs genannt, Mutter aller Bomben. Sie wiegt fast zehn Tonnen, hat einen Durchmesser von einem Meter und ist neun Meter lang. In einem Umkreis von 150 Metern macht sie alles dem Erdboden gleich. Die Amerikaner behaupteten, rund 100 Kämpfer des Islamischen Staates seien durch die Bombe getötet worden – und nicht ein einziger Zivilist. Trump sprach von «einer weiteren, sehr, sehr erfolgreichen Mission» und lobte sich, den Krieg deutlich klüger und entschiedener zu führen als sein Vorgänger. Hamid Karzai twitterte, deutlich realitätsnäher: «Das ist kein Krieg gegen den Terror, sondern der unmenschliche und an Brutalität nicht zu überbietende Missbrauch unseres Landes als Testgelände für neue und gefährliche Waffen.»

Während der Einsatz der MOAB weltweit Beachtung fand und die USA sich damit als unbesiegbar inszenierten, schritt der Siegeszug der Taliban unaufhörlich voran. Im September 2017 beschloss das Pentagon, die Zahl der getöteten afghanischen Sicherheitskräfte nicht mehr zu veröffentlichen. Schätzungsweise 30 bis 40 afghanische Polizisten und Soldaten starben täglich. Gleichzeitig war, dem Pentagon zufolge, die Zahl der Taliban-Kämpfer auf 60.000 angewachsen, verglichen mit 25.000 sieben Jahre zuvor, auf dem Höhepunkt des *surge* 2010. Dennoch verkündete General John W. Nicholson Jr., Befehlshaber der Mission Resolute Support und der US-Streitkräfte in Afghanistan, im November 2017, die afghanische Regierung werde innerhalb der nächsten zwei Jahre 80 Prozent des Landes kontrollieren. Sie werde «die kritische Masse» erreichen und «den Feind unbedeutend machen».

Großes Verdienstkreuz!

Unter den führenden US-Generälen in Afghanistan war Nicholson unverkennbar der Unbedarfteste. Der Protegé Trumps erzählte der Welt, was sein Förderer hören wollte. Während Nicholsons Vorgänger im Zweifel skrupellos genug waren, die Dinge schönzureden, um ihre Karriere nicht zu gefährden, erweckte Nicholson den Eindruck, seiner eigenen Propaganda auch selbst zu glauben. 2018 stellte das Pentagon seine Veröffentlichungen zu territorialen Gewinnen der Taliban ein – die Statistiken und Auswertungen waren allzu ernüchternd. Auf einer Pressekonferenz im Juli 2018 erklärte Nicholson, dergleichen Daten seien ohne Bedeutung – obwohl er nur wenige Monate zuvor das Gegenteil behauptet hatte. Stattdessen deutete er die Bereitschaft der Taliban zu Friedensgesprächen, die zu jener Zeit in Katar begannen, als Zeichen der Schwäche. Der Taliban, wohlgemerkt, nicht etwa der USA oder der afghanischen Regierung, die von diesen Verhandlungen der Einfachheit halber ausgeschlossen worden war.[22] Darauf hatten die Religionsstudenten bestanden, ihrer militärischen Erfolge gewiss.

Die visionäre Tatkraft des Generals war offenbar auch den Entscheidern in Berlin nicht entgangen. Im Rahmen der Feierlichkeiten anlässlich des 70. Jahrestages zum Ende der Berlin-Blockade erhielt Nicholson im Mai 2019 «das Große Verdienstkreuz mit Stern des Verdienstordens der Bundesrepublik Deutschland». Aus den Händen von Verteidigungsministerin Ursula von der Leyen (CDU), und zwar «für seine Verdienste um die deutsch-amerikanischen Beziehungen und das Nordatlantische Bündnis.»

Ein Jahr lang verhandelten die USA und die Taliban in einem Luxushotel in Doha, bis sie sich im Sommer 2019 auf einen Deal verständigten. Die USA würden ihre 14.000 Soldaten abziehen, die Taliban mit der afghanischen Regierung eine Friedenslösung vereinbaren und alle Beziehungen oder Kontakte zu Al-Qaida beenden. Die bis dato geheime Vereinbarung wollte Trump spektakulär inszenieren. Im September 2019 lud er sowohl die Taliban-Führung wie auch den afghanischen Präsidenten Ashraf Ghani zur Unterzeichnung nach Camp David ein. Doch weder der noch die Taliban verspürten die Neigung, für einen Fototermin mit dem Präsidenten in die USA zu reisen. Nachdem durchgesickert war, dass das Weiße Haus die Anführer einer Terrorgruppe nach Camp David eingeladen hatte, zeigten sich zahlreiche Kongressabgeordnete empört. Trump reagierte, indem er seine Einladung zurückzog und die Gespräche mit den Taliban als «tot» bezeichnete.

Wie aber erklärt sich der Widerspruch, dass der US-Präsident die Mutter aller Bomben über Afghanistan abwerfen ließ, während hinter den Kulissen Friedensgespräche mit den Taliban an Fahrt aufnahmen? Zum einen entsprach das dessen Naturell. Auch den nordkoreanischen Diktator Kim Jong-un hatte Trump zunächst mit Vernichtungsdrohungen per Twitter bedacht, bevor sich der Deal-Macher im Juni 2018 zu einem Gipfeltreffen mit Kim in Singapur einfand und ihn ein Jahr später an der innerkoreanischen Grenze ein weiteres Mal traf. Zum anderen galt die Bombe nicht den Taliban, sondern dem Islamischen Staat. Und er hatte den Wählern versprochen, die US-Soldaten abzuziehen. Das allerdings setzte einen anderen Umgang mit den Taliban voraus, jenseits der Kategorie «Terror». Das war auch Obama bereits klar geworden – ohne dass er diese Einsicht jedoch politisch umgesetzt hätte.

Ungeachtet aller gegenteiligen Rhetorik wurden die Gespräche in Doha fortgeführt, und am 29. Februar 2020 unterzeichneten die USA und die Taliban dort eine «Vereinbarung», keinen Vertrag, die unter anderem den Fahrplan des US- und NATO-Truppenabzugs aus Afghanistan festlegte. Die Vereinbarung umfasst drei Teile auf nicht einmal vier Seiten. Laut offizieller Sprachregelung wurde sie geschlossen «zwischen dem Islamischen Emirat Afghanistan, das die Vereinigten Staaten nicht als Staat anerkennen, bekannt unter dem Namen Taliban, und den Vereinigten Staaten». Diese etwas sperrige Wendung wird in den relevanten Absätzen jedes Mal wiederholt. Die wichtigsten Punkte:

Afghanistan wird nicht erneut Zufluchtsort «von Gruppen oder Einzelpersonen werden, die die Sicherheit der Vereinigten Staaten oder ihrer Verbündeten bedrohen».

Die USA und ihre Verbündeten ziehen sich «innerhalb von vierzehn Monaten» vollständig aus Afghanistan zurück, also bis spätestens Mai 2021.

Am 10. März 2020 beginnen die Taliban «innerafghanische Verhandlungen mit afghanischen Seiten» – eine nebulöse Formulierung, die jedenfalls den Begriff «afghanische Regierung» vermeidet. Am selben Tag werden «bis zu 5000 Gefangene des Islamischen Emirats Afghanistan, das die Vereinigten Staaten nicht als Staat anerkennen, und bis zu 1000 Gefangene der anderen Seite freigelassen».

Die Macht des Faktischen

Diese Vereinbarung ist zweierlei. De facto handelt es sich um die Anerkennung der militärischen Niederlage der USA und der mit ihr verbündeten NATO-Truppen. Zwar verpflichten sich die Taliban, in Afghanistan keine islamistischen Gewalttäter zu beherbergen, die die Sicherheit der USA oder ihrer Verbündeten bedrohen. Es gibt aber keine Klauseln für den Fall von Zuwiderhandlungen – wenngleich die unwahrscheinlich sind, da sie zwangsläufig die fortgesetzte und dauerhafte Isolierung der Taliban zur Folge hätten. «Vertragsstrafen» sind aber nicht enthalten. Gleichzeitig war die Vereinbarung der ultimative Dolchstoß in den Rücken der afghanischen Regierung unter Ashraf Ghani. Die Taliban hatten verlangt, sie in die Verhandlungen gar nicht erst einzubeziehen. Die USA entsprachen dieser Forderung und ließen damit ihre eigenen Marionetten fallen. Ohne mit der Wimper zu zucken, haben sie die demokratische Fassade in Kabul der Realpolitik geopfert. Das sollte all jenen eine Warnung sein, die amerikanischen «Sicherheitsgarantien» vertrauen – von den europäischen NATO-Partnern über Israel und die Golfstaaten bis hin zu Taiwan.

Spätestens mit der Unterzeichnung dieser Vereinbarung im Februar 2020 war unmissverständlich klargestellt, dass der Afghanistan-Einsatz enden würde und die Taliban die Macht im Land eher früher als später übernehmen würden. Entsprechend hätten die westlichen Akteure Maßnahmen ergreifen können (und müssen), um ihre afghanischen Ortskräfte zu schützen und sie nötigenfalls rechtzeitig zu evakuieren. Was allerdings nicht geschehen ist. Demokratie mit Waffengewalt zu exportieren, dafür Milliarden auszugeben und eine beliebige Anzahl Zivilisten zu töten – kein Problem. Aber Flüchtlinge aus Armutsländern wie Afghanistan aufzunehmen, in großer Zahl gar – das geht dann doch zu weit. Der Mohr hat seine Schuldigkeit getan. Nun soll er sehen, wo er bleibt.

Entgegen den Wünschen seines Anfang November 2020 gewählten Amtsnachfolgers Joe Biden sorgte Trump dafür, dass die Zahl der US-Soldaten in Afghanistan bis Ende Januar 2021 auf 2500 reduziert wurde – ein vergifteter Gruß an den neuen Präsidenten. Biden hatte als Senator zur Zeit der Bush-Administration die vertraute Linie bedient: mehr Soldaten, mehr Geld für die Regierung in Kabul. Als Vizepräsident unter Obama war er bereits vorsichtiger, hatte er weniger *surge* empfohlen und von der Mission zur Liquidierung Osama bin Ladens abgeraten, da das Risiko eines Scheiterns zu groß sei. Obama ignorierte seinen Rat. Jetzt hatte Biden kaum noch politischen und militärischen Spielraum, auch wenn er sich über die in Doha getroffene Vereinbarung hinwegsetzte und am 14. April 2021 ankündigte, die letzten US-Soldaten bis spätestens 11. September 2021 abzuziehen. Kurz darauf wurde der Termin zwei Wochen vorgezogen, auf den 31. August, um die Gedenkfeiern zum

20. Jahrestag der Terroranschläge in den USA nicht durch unschöne Bilder aus Kabul gestört zu sehen.

Die Taliban rücken vor

Biden blieb nur noch die undankbare Aufgabe des Konkursverwalters. Bereits am 1. März 2020, am Tag nach Unterzeichnung ihrer Vereinbarung mit den USA, hatten die Taliban eine weitere Großoffensive begonnen – was ihnen laut Vertragstext auch nicht verboten war. Die Regierung Ghani ließ die gefangenen Taliban nicht wie vereinbart am 10. März frei. Das geschah erst im August, im September begannen die Taliban und afghanische Regierungsvertreter miteinander zu verhandeln. Doch worüber? Die Taliban eroberten eine Stadt, eine Provinz nach der anderen. Allein in den ersten sechs Wochen dieser Offensive, bis Mitte April, hatten die Taliban landesweit 4500 Angriffe durchgeführt, eine Zunahme um 70 Prozent gemessen am selben Zeitraum im Vorjahr. Die Amerikaner hielten sich aus den Kämpfen heraus, so dass die Taliban keine Luftangriffe mehr zu befürchten hatten. Am blutigsten Tag des Krieges in Afghanistan, am 22. Juni 2020, wurden 291 afghanische Soldaten und Polizisten getötet, 550 verwundet. Während die Taliban immer weniger Verluste zu verzeichnen hatten, stiegen sie auf Seiten afghanischer Sicherheitskräfte unaufhörlich an. Entsprechend desertierten Soldaten und Polizisten in Scharen.

Die Taliban blieben ihrer bewährten Strategie treu, Gouverneure und andere leitende Funktionäre in den von ihnen ins Visier genommenen Provinzen telefonisch oder durch Mittelsmänner zu kontaktieren. Sofern sie kapitulierten, hätten sie nichts zu befürchten. Da die Taliban offenbar Wort hielten, konnten sie vielfach kampflos vorstoßen und sich auf ihre Sympathisanten vor Ort für die reibungslose Übergabe etwa von Provinzhauptstädten verlassen. In den «Afghanistan Papers» wird an mehreren Stellen ersichtlich, dass amerikanische Militärs ihren Widersachern durchaus Respekt zollten und nicht auf die Idee gekommen wären, die soldatischen Fähigkeiten der Taliban zu unterschätzen. Vor allem nicht ihr strategisches Denkvermögen. Sie sind in einer Art Zangenbewegung von Süd nach Nord und von Ost nach West vorgestoßen, zunächst unter Umgehung Kabuls. Mit anderen Worten: sie sind von ihren Hochburgen aus langsam, aber sicher in «Feindesland» vorgedrungen, in die Gebiete mit nicht-paschtunischer Bevölkerungsmehrheit. Trotz aller Kämpfe haben sie auch dort auf Verhandlungsangebote gesetzt und hatten mit dieser Strategie selbst in den ehemaligen Hochburgen der Nordallianz Erfolg. Militärisch hatten die Minderheiten den Taliban erstaunlich wenig entgegenzusetzen. Warlords wie Dostum sahen sich gezwungen ins Ausland zu fliehen. Das beschleunigte natürlich die Bereitschaft zur Kapitulation. Doch hatten die Taliban gleichzeitig aus ihren Fehlern in der Vergangenheit gelernt. In den von ihnen unterworfenen oder eroberten Gebieten kam es vielfach zu Übergriffen – aber nirgendwo zu Massakern.

Der Siegeszug der Taliban verdankt sich zwei weiteren Faktoren. Zum einen hatten Pakistan und der Iran signalisiert, keinen bewaffneten Widerstand gegen die sich abzeichnende Machtübernahme der Taliban zu unterstützen. Zum anderen, viel wichtiger noch: Infolge der brutalen westlichen Kriegsführung mit ihren vielen zivilen Opfern waren der paschtunische Nationalismus in Afghanistan wie auch in Pakistan vielfach mit der Aufstandsbewegung gegen die Besatzer verschmolzen. Mit dem Widerstand der Taliban, anders gesagt. Paschtune sein und die Taliban unterstützen, das war und ist vor allem in den ländlichen

Regionen vielfach eins. Solange das so bleiben sollte, sind die Taliban unbesiegbar, würden sie jede Wahl auch ohne Wahlfälschung mühelos gewinnen. Es ist also grundsätzlich falsch anzunehmen, die Taliban seien eine bloße Terrorbewegung, deren Herrschaft in erster Linie auf Fanatismus gründe, wie er dem Islam nun mal innewohne. Ob es uns im Westen gefällt oder nicht: Die Taliban sind eine paschtunische Volksbewegung. Erstmals in der Geschichte Afghanistans ist das gesamte Land unter der Herrschaft einer einzelnen politischen Kraft geeint worden. Ob zum Guten oder zum Schlechten ist eine ganz andere Frage.

Die Taliban haben Kabul bewusst eingekreist, nicht aber angegriffen. Ein Blutbad wollten sie vermeiden. Im Frühsommer 2021 befanden sich alle Zufahrtswege in die Hauptstadt unter Kontrolle der Taliban. Sie brauchten nichts weiter zu tun als abzuwarten. Während sich die Führungskader des *Ancien Régime* reihenweise abzusetzen begannen, meldete die CIA am 11. August nach Washington, die Taliban würden Kabul wohl in den nächsten 30 Tagen einkesseln und möglicherweise innerhalb der nächsten 90 Tage einnehmen. Beim letzten Telefonat zwischen den Präsidenten Biden und Ghani, am 23. Juli, diskutierten die beiden über Militärhilfe, politische Strategie und eine bessere Öffentlichkeitsarbeit. Die bevorstehende Machtübernahme der Taliban haben sie entweder nicht wahrgenommen oder ignoriert.[23]

Gotteskrieger im Präsidentenpalast

Mit der Flucht von Präsident Ghani ins Ausland am 15. August waren die Verhältnisse schneller geklärt als in Washington, bei der NATO in Brüssel oder in Berlin erwartet. Die Taliban rückten in Kabul ein, als wäre es das Selbstverständlichste der Welt. Nirgendwo gab es Kämpfe, kaum ein Schuss fiel. Die ruhmreiche afghanische Armee hatte kapituliert, die US-Truppen zogen sich auf das Gelände des Flughafens zurück. Am Abend desselben Tages gingen die Fernsehbilder um die Welt: Bärtige Taliban im Präsidentenpalast, die Flagge Afghanistans wird eingerollt (und später ersetzt durch die der Taliban). Wer genau hinsah, konnte erkennen, dass sie ihre Schuhe ausgezogen hatten – in ihrer Kultur ein Zeichen des Respektes. Auf ihrer ersten Pressekonferenz versicherte die neue Führung, es werde niemand verfolgt, der für westliche Einrichtungen oder die afghanische Regierung gearbeitet habe. Ein Taliban-Führer ließ sich tags darauf von einer bekannten Moderatorin des afghanischen Fernsehens interviewen und versprach, Mädchen dürften auch weiterhin Schulen besuchen und Frauen einem Beruf nachgehen. Kurz darauf hieß es von anderer Stelle, das Tragen der Burka sei nicht länger verpflichtend, ausreichend sei ein Kopftuch. Gleichzeitig allerdings wurde das bedeutungslose Frauenministerium aufgelöst und ging im Ministerium für religiöse Führung auf.

Doch zahlreiche Gegner der Taliban, ehemalige Ortskräfte westlicher Institutionen, Vertreter ethnischer Minderheiten und Frauen mochten deren Versprechen nicht glauben. Sie suchten das Land so schnell wie möglich zu verlassen, desgleichen die meisten Ausländer. Den Flughafen von Kabul hatte allerdings das US-Militär quasi requiriert, um den eigenen Abzug zu gewährleisten. Der zivile Flugverkehr wurde daraufhin eingestellt. Nicht auf Betreiben der Taliban, sondern der Amerikaner. Nunmehr saßen alle in der Falle, die nicht den Landweg ins Ausland nehmen konnten oder wollten – nicht zuletzt aus Angst vor den Checkpoints der Taliban. Auch für den Fall, dass sie über gültige Tickets und Visa verfügten, waren die Ausreisewilligen nunmehr gestrandet. Tausende Menschen versuchten dennoch, auf das Flughafengelände zu gelangen, wurden aber von US-Soldaten am Zutritt gehindert.

Am 24. August traf sich CIA-Chef William Burns in Kabul zu einem geheimen Treffen mit Abdul Ghani Baradar, einem der ranghöchsten Taliban. CNN zufolge kam es dabei zu einem diskreten Arrangement: Taliban-Kämpfer begleiten US-Staatsbürger bis zum Flughafengelände und sorgen für ihre Sicherheit. Dort hatten US Special Operation Forces ein «geheimes Tor» sowie «Call-Zentren» eingerichtet, um die Evakuierung amerikanischer Zivilisten zu gewährleisten.[24] Ausschließlich US-Bürger. Parallel setzten umfangreiche und hektisch verlaufende Evakuierungsmaßnahmen mit Militärflugzeugen ein, auch seitens der Bundeswehr. Wer nach welchen Kriterien mitfliegen konnte oder nicht, war rational kaum mehr nachzuvollziehen. Rund zehn Tage lang herrschte nacktes Chaos, es kam zu erschütternden Szenen, etwa mit Menschen, die sich selbst noch an startenden Flugzeugen festzuhalten suchten.

Eine Niederlage wie in Vietnam

War dieser letzte Auftritt westlicher Militärs in Afghanistan wirklich erforderlich? Die Inder beispielsweise haben ihr gesamtes Botschaftspersonal und sonstige Mitarbeiter rechtzeitig mit regulären Linienflügen evakuieren können. Es gibt keinerlei Hinweise darauf, dass die Taliban den Flughafen geschlossen oder Ausreisewillige an der Ausreise gehindert hätten. Warum also dieser Showdown? Die Panik begann in dem Moment, als die Amerikaner den zivilen Flugverkehr einstellen ließen. Ohne diese Entscheidung wäre die Evakuierungsaktion unter Einsatz von Militärtransportflugzeugen, die bis zum 30. August andauerte, in dieser Form kaum nötig gewesen. Verlässliche Angaben über die Anzahl der Evakuierten gibt es nicht. Die offiziell genannten Zahlen erscheinen deutlich übertrieben, aus politischen Gründen wohl: Allein die USA wollen mehr als 100.000 Menschen ausgeflogen haben.

Zum zweiten Mal, nach der Evakuierung der letzten Amerikaner aus Saigon im April 1975 mit Hubschraubern, mussten sich die Amerikaner den Sandalenkriegern einer Guerillaarmee geschlagen geben. Ihre Marionettenregierung in Kabul war ebenso gescheitert wie die in Saigon. Die mit weitem Abstand stärkste Militärmacht der Welt wurde von halben Analphabeten besiegt. Das ist bitter, nicht allein für die Psyche der Amerikaner. Doch nichts deutet darauf hin, dass die Entscheider in den USA, in Deutschland oder anderswo die Neigung verspürten, der Frage nach dem Warum der eigenen Niederlage ernsthaft nachzugehen, öffentlich schon gar nicht. Denn die Sinnfrage zu stellen rüttelt am Selbstverständnis der NATO als Ganzes, ihrem Credo für Auslandseinsätze. Die Ursachenforschung erschöpft sich meist im Kleinteiligen, verliert sich auf Nebenschauplätzen, nimmt aber nicht das große Ganze in den Blick. In den hiesigen Talkshows im Umfeld des Afghanistan-Desasters stand vor allem die moralische Emphase im Vordergrund: Wie konnte die Bundesregierung die Ortskräfte mehrheitlich im Stich lassen, die jahrelang für die Deutschen gearbeitet hatten, etwa als Übersetzer?

Ganz einfach: weil niemand im Jahr der Bundestagswahl riskieren wollte, eine afghanische Flüchtlingskarawane nach Deutschland ziehen zu sehen. In Flüchtlingsfragen ist man sich im politischen Berlin nicht weniger einig wie bei der EU in Brüssel. Keine Bilder mehr wie 2015, heißt es dann etwa. Lieber werden medienwirksame Ersatzhandlungen zelebriert. Wie etwa in Großbritannien, wo die Regierung dem gesamten Frauen-Rugbyteam Afghanistans Asyl gewährte. Das tut nicht weh und signalisiert: Wir helfen, wo immer wir können. Außenminister Heiko Maas (SPD) besuchte die Nachbarstaaten Afghanistans, Tadschikistan, Usbekistan und Pakistan, und forderte sie auf, afghanische Flüchtlinge aufzunehmen, die EU werde sie finanziell unterstützen. Ansonsten gab er sich diplomatisch. Niemand habe den Fall der Regierung in Kabul vorausgesehen, alle miteinander seien sie von den Ereignissen überrascht worden: «Wir alle, die Bundesregierung, die Nachrichtendienste, die internationale Gemeinschaft – wir haben die Lage falsch eingeschätzt», erklärte er. Wenn sich «alle» getäuscht haben, ist natürlich auch niemand verantwortlich oder gar zur Rechenschaft zu ziehen. Am allerwenigsten der deutsche Außenminister, der Versäumnisse in der Informationsübermittlung vor allem beim Bundesnachrichtendienst (BND) sah.

Grundsätzlich ist natürlich nicht auszuschließen, dass sowohl im Außenministerium wie auch beim BND nur solche Stimmen Gehör fanden, die Afghanistan als Erfolgsstory des Westens präsentierten. Klartext zu reden ist selten karriereförderlich. Dennoch konnte selbst ein Außenminister vom Format eines Heiko Maas so blind nicht sein, um die Zeichen an der Wand nicht zu erkennen. Spätestens die Vereinbarung zwischen Washington und den Taliban vom Februar 2020 war deutlich genug formuliert: Abzug bis Mai 2021. Am Ende wurde es dann der August, das aber ist unerheblich. Schon im März 2020 hätten die Deutschen und ihre Verbündeten, sofern politisch gewollt, mit der Evakuierung ihrer Ortskräfte beginnen können. Angefangen damit, ihre Personalien zentral zu erfassen und ihnen Visa zu erteilen. Das aber wäre auf das indirekte Eingeständnis einer Niederlage hinausgelaufen. Lieber blieb man daher den bewährten Handlungsmustern treu und gab sich der Illusion hin, die Regierung Ghani werde sich wenigstens bis zur Bundestagswahl halten können. Noch im Juni 2021 suchte das Bundesinnenministerium abgelehnte afghanische Asylbewerber nach Kabul abzuschieben.

Ausgerechnet zwei der wohl größten westlichen Kriegstreiber nach 1945, George W. Bush und dessen vormaliger Juniorpartner in Afghanistan wie auch im Irak, der Brite Tony Blair, warfen Präsident Biden vor, er habe durch seinen «übereilten Abzug» Afghanistan im Stich gelassen. Richtig ist, dass beide Kritiker für den Tod von mindestens 900.000 Menschen seit 9/11 maßgeblich politisch verantwortlich sind. Hätte Biden die Vereinbarung von Doha aufgekündigt, den Taliban erneut den Krieg erklärt und die Zahl der US-Soldaten in einem weiteren *surge* erhöht – was hätte es geändert? Wären die Amerikaner nicht im August 2021 abgezogen, dann eben später, mit gleichem Ergebnis. Der Sieg der Taliban war längst unabänderlich, ebenso der Zusammenbruch des westlichen Statthalter-Regimes.

Shit happens?

Die USA verabschiedeten sich aus Afghanistan, wie sie auch gekommen waren: per Drohnenangriff. Am 26. August sprengte sich ein Selbstmordattentäter des Islamischen Staates inmitten der Wartenden entlang der Flughafen-Außenmauer in die Luft. 175 Menschen starben, darunter 13 US-Soldaten. Drei Tage später, am 29. August, schlug eine Hellfire-Rakete, abgefeuert von einer Drohne, im Innenhof einer Wohnsiedlung ein. Zehn Menschen kamen ums Leben, nach US-Angaben Terroristen des Islamischen Staates, die einen weiteren Anschlag geplant hätten. Tatsächlich aber hatte der Angriff zehn Angehörige zweier Familien getötet, darunter sieben Kinder. Das jüngste war zwei Jahre alt. Einer der Getöteten hatte zuvor als Übersetzer für die US-Armee gearbeitet, die beiden anderen Erwachsenen waren für internationale Hilfsorganisationen tätig gewesen. Alle zehn Opfer besaßen gültige Visa für die USA.

Präsident Biden hatte den Angriff zunächst ausdrücklich begrüßt und erklärt, er sei beispielhaft für die Fähigkeit Washingtons, Terroristen des Islamischen Staates auszuschalten. Nachdem die *New York Times* und die *Washington Post* über die zivilen Toten berichtet hatten, sah er sich am 17. September veranlasst, den Tod von Zivilisten auch seinerseits einzuräumen. Das Pentagon sprach von einem «tragischen Fehler». Den Hinterbliebenen wurde eine Entschädigung angeboten. In welcher Höhe, blieb offen.

Am 2. November stellte das Pentagon die Ergebnisse seiner internen Untersuchung zu dem Drohnenangriff vor. Demzufolge habe der «nicht gegen die Gesetze des Krieges verstoßen». Ein Sprecher verwies stattdessen auf «Irrtümer bei der Befehlsausführung», darunter «widersprüchliche Angaben» zum Angriffsziel, und «den Zusammenbruch der Kommunikation». Es handele sich um «eine entsetzliche, kriegsbedingte Tragödie». Verteidigungsminister Lloyd Austin lehnte es im Dezember ab, disziplinarische Schritte gegen die Verantwortlichen einzuleiten.

Das US-Verteidigungsministerium und mit ihm die Regierung blieben damit der Linie treu, die Abertausenden zivilen Toten im «Krieg gegen den Terror» als schicksalhafte Begleiterscheinung im Streben nach Frieden und Sicherheit zu verkaufen. Während Washington dem eigenen Handeln grundsätzlich die Absolution erteilt, ganz gleich, wie viele Menschen es das Leben kostet, werden stattdessen Whistleblower juristisch verfolgt und belangt. Die ihrem Gewissen folgen und mit ihren Mitteln ein politisches System anprangern, das wissentlich Freiheitsrechte untergräbt und in großer Zahl Unschuldige tötet.

Weniger bekannt als Edward Snowden oder Julian Assange ist Daniel Hale. Der vormalige Geheimdienst-Analyst der US-Luftwaffe kam 2012 nach Afghanistan. Dort war er unter anderem tätig für die Joint Special Operations Task Force des Pentagon und half bei der Identifizierung von Terrorverdächtigen «mit hohem Wert» sowie ihrer anschließenden Liquidierung per Drohnenangriff. Unter Obama waren Drohnen zur wichtigsten Waffe im «Krieg gegen den Terror» geworden. Um nun die Zahl der getöteten Zivilisten statistisch so gering wie möglich zu halten, galten der Einfachheit halber «alle Männer im wehrfähigen Alter in einer Angriffszone als Kämpfer» und somit als legitimes Angriffsziel.[25] Daniel Hale: «Ich gelangte zu der Überzeugung, dass das Töten per Drohne dazu diente, die Öffentlichkeit zu täuschen. Um ihr zu suggerieren, dieses Vorgehen diene unserer Sicherheit.» Aus Gewissensgründen habe er nicht länger schweigen können, erklärte er später vor Gericht.[26]

Vermutlich auf der Grundlage seiner Enthüllungen stellte die US-Enthüllungsplattform *The Intercept* 2015 das bislang umfassendste Dossier zum US-Drohnenkrieg zusammen, mit Schwerpunkt Afghanistan, Jemen und Somalia: die «Drone Papers».[27] Hale zufolge haben bis zu neun von zehn Drohnenangriffen in Afghanistan Zivilisten getötet, wie auch am 29. August 2021. Nie sind die Urheber dieser Angriffe juristisch belangt worden, und daran dürfte sich auch in Zukunft nichts ändern. Stattdessen wurde der 33-jährige Daniel Hale, der sich offen dazu bekannt hatte, Whistleblower zu sein, im Juli 2021 zu 45 Monaten Gefängnis verurteilt, wegen Geheimnisverrates. Dass die Armee ihn bereits unehrenhaft entlassen hatte, versteht sich von selbst.

Hale sitzt in einer «Communications Management Unit» ein. Davon gibt es drei in den USA. Es handelt sich um Gefängnisse für «politisch motivierte Straftaten». Die Kommunikation der Gefangenen mit der Außenwelt ist dort extrem eingeschränkt, die meiste Zeit sitzen sie in Einzelhaft. Kritiker sprechen von einem «Guantanamo light».

«Sie sind tot»: Warum die Befreiung afghanischer Frauen und Killerkommandos für Washington zusammengehören

Kaum zu glauben, aber der Einzug der Taliban in Kabul am 15. August 2021 hat auch die NATO kalt erwischt. Noch zwei Tage zuvor hatte deren Generalsekretär Jens Stoltenberg erklärt, die NATO werde ihre «zivile Präsenz» in Kabul auf jeden Fall beibehalten und die afghanische Regierung auch weiterhin unterstützen. Am 17. August gab er nach einem Treffen des NATO-Rates zu Protokoll: «Was wir in den vergangenen Wochen erlebt haben, war ein militärischer und politischer Zusammenbruch in einer Geschwindigkeit, die niemand erwartet hatte.» Verantwortlich dafür sei die Regierung in Kabul, die sich den Taliban nicht hinlänglich «entgegengestellt» habe. «Dieses Versagen der afghanischen Führung hat zu der Tragödie geführt, deren Zeuge wir heute werden.»

Das ist nicht ganz falsch, aber reichlich unterkomplex. Und sollte die NATO allen Ernstes den wochen- und monatelangen Siegeszug der Taliban nicht wahrgenommen haben – welche Schlüsse wären daraus zu ziehen? Ist der Verdacht abwegig, dass maßgebliche Akteure des Afghanistan-Krieges ihrem eigenen Wunschdenken aufgesessen sind und nur gesehen haben, was sie auch sehen wollten?

Am 12. September verteidigte Stoltenberg den westlichen Militäreinsatz in einem Interview mit der FAZ: «Manchmal kann man Terrorismus nur verhindern, wenn man ein Land stabilisiert, wenn man dort starke und verlässliche Strukturen schafft», sagte er. Auch das ist eine mehr als befremdliche Aussage, gemessen an den vielen Warlords, dem Opium-Anbau, an Massakern und Folter, den Wahlfälschungen, der Kabul Bank. Keineswegs sei der NATO-Einsatz «vergeblich» gewesen: «Unser Hauptziel war die Bekämpfung des Terrorismus. Und wir haben zwanzig Jahre lang keine Angriffe aus Afghanistan auf unsere Länder erlebt.»

Die NATO macht der afghanischen Jugend den Weg frei

Zur Erinnerung: Nicht Afghanistan hat das britische Empire, die Sowjetunion oder die USA angegriffen, es war genau umgekehrt. 2002 stand Afghanistan auf Platz 16 im «Global Terrorism Index». Heute steht Afghanistan auf Platz eins, der Irak auf Platz zwei. Die beiden Hauptzielländer im «Krieg gegen den Terror» leiden am meisten unter dem Terror. Laut besagtem Index gab es in Afghanistan zwischen 2002 und 2019 13.442 Terroranschläge mit 44.662 Toten. Auch wenn Zahlenangaben aus der Region mit Vorsicht zu betrachten sind und die Grenzen zwischen Kriegshandlungen und Terror fließend verlaufen, ist die Tendenz deutlich genug. In der Wahrnehmung führender westlicher Amtsträger wie Jens Stoltenberg haben die rund 3000 Toten des 11. September 2001 allerdings ein anderes Gewicht als rund 45.000 afghanische Terroropfer – von den vielen zivilen Toten vor allem durch US-Luftangriffe oder nächtliche Razzien ganz zu schweigen. 40 Prozent aller Terroranschläge weltweit erfolgten 2020 in Afghanistan. Den meisten ist nicht bewusst, dass die mit weitem Abstand größte Opfergruppe islamistischen Terrors Muslime in islamischen Ländern sind – nicht Amerikaner oder Europäer.

Wer ganze Länder zerstört oder an deren Zerstörung mitwirkt, etwa in Afghanistan, im Irak, in Syrien, Libyen, im Jemen, in der Sahelzone, der sät Wind und erntet im Nachgang den Sturm. Gewalt, Demütigung, Entrechtung, Armut erzeugen Gegenreaktionen. Radikaler Islamismus ist zu einem erheblichen Teil eine Begleiterscheinung fehlender Lebensgrundlagen und der Perspektivlosigkeit von weit mehr als hundert Millionen Menschen in den betreffenden Ländern. Dafür ist der Westen keineswegs allein verantwortlich, wohl aber zu einem nicht unerheblichen Teil. Wo jede Hoffnung fehlt, entstehen Fluchtbewegungen, gedeiht Extremismus. Auch jahrzehnte- und jahrhundertelange Erfahrungen mit kolonialer wie imperialer Unterdrückung und Repression, nicht zuletzt in Gestalt pro-westlicher Regime, hinterlassen ihre Spuren.

Weiterhin betonte Stoltenberg in der FAZ, der NATO-Einsatz sei auch mit einem gesellschaftlichen Fortschritt in Afghanistan einhergegangen. Abzulesen etwa an der gestiegenen Lebenserwartung und der gesunkenen Kindersterblichkeit. «Eine neue Generation wuchs mit der Möglichkeit heran, am politischen Prozess teilzunehmen und mit dem Rest der Welt in Verbindung zu treten. Diese Errungenschaften können nicht leicht abgeschafft werden.» Der «Krieg gegen den Terror» als Motor des gesellschaftlichen Fortschritts in Afghanistan? Die Annahme zeugt von einer sehr eigenen Wirklichkeitswahrnehmung. Es fehlt auch nicht an neo-kolonialer Attitüde – ohne NATO keine Kommunikation mit dem «Rest der Welt»? Westliche Soldaten machen der afghanischen Jugend den Weg frei, damit sie sich am «politischen Prozess» beteiligen könne? Welcher Art, mit Verlaub? Ohne Wahlfälschungen, beim nächsten Mal? Oder meint er ein Praktikum beim Warlord? Der Kabul Bank?

Stoltenbergs Ausführungen offenbaren einen gefährlichen Realitätsverlust. Wenn dergleichen Selbsttäuschungen auch den Umgang der NATO mit Russland und China prägen sollten, wäre das angesichts von deren Machtmitteln mehr als besorgniserregend.

Wir helfen, wo wir können

Bundeskanzlerin Angela Merkel (CDU) sah es in ihrer Regierungserklärung zu Afghanistan am 25. August 2021 allerdings sehr ähnlich. Sie erinnerte an die Terroranschläge von 9/11, «die von Afghanistan aus geplant worden» seien. Die Hamburger Terrorzelle um Mohammed Atta ließ sie unerwähnt. Ebenso den Umstand, dass Osama bin Laden zum Zeitpunkt ihrer Rede schon seit mehr als zehn Jahren nicht mehr lebte und Al-Qaida in Afghanistan kaum noch besteht. Wie auch Stoltenberg verwies sie darauf, dass die Kindersterblichkeit in Afghanistan gesunken sei, sich seit 2001 halbiert habe. Was offenbar, so der Subtext, das Verdienst westlicher Militärpräsenz ist. Unberücksichtigt ließ sie, dass die Kindersterblichkeit in Afghanistan laut Weltbank seit Jahrzehnten unablässig zurückgeht. Die Sterberate auf 1000 Lebendgeburten innerhalb der ersten fünf Lebensjahre fiel von 345 im Jahr 1965 auf 125 im Jahr 2001. Bis 2019 ist sie weiter gefallen, auf rund 60.[28] Die Angabe Merkels war folglich nicht falsch, aber unvollständig.

Des Weiteren behauptete sie, über 90 Prozent der Afghanen hätten heute Zugang zu Strom, fast 70 Prozent zu Trinkwasser. Der geneigte Zuhörer mochte das dem Brunnenbau der Bundeswehr zuschreiben, doch stimmen diese Angaben überhaupt? Laut Angaben des US-Geological Survey sind 22 der 34 afghanischen Provinzen von Dürre bedroht. Der United Nations Assistance Mission in Afghanistan (UNAMA) zufolge haben lediglich 27 Prozent der afghanischen Bevölkerung Zugang zu sauberem Trinkwasser, 37 Prozent zu sanitären Anlagen (Stand: 2018).[29] Der Stromzugang dagegen beläuft sich tatsächlich auf über 90 Prozent, laut Weltbank. Theoretisch. In der Praxis haben, ebenfalls laut Weltbank, etwa 29 Prozent der Afghanen auch wirklich Zugang zu Strom, in den Städten rund 88 Prozent, auf dem Land etwa 11 Prozent (Stand: 2017).[30] Die Differenz erklärt sich aus Ist und Soll. Da mag ein Kraftwerk stehen, das grundsätzlich eine Region versorgen könnte, aber meistens defekt ist oder etwa infolge fehlender Ressourcen nur zeitweise oder gar nicht Strom liefert.

Dergleichen Schönrednereien sollen die Illusion aufrechterhalten, der Afghanistan-Einsatz der Bundeswehr wie auch der NATO insgesamt sei in erster Linie humanitären Impulsen gefolgt, neben der Terrorbekämpfung. Kriege werden aber nicht aus Gründen menschlicher Anteilnahme geführt, das wäre ein Widerspruch in sich selbst, sondern um eigene Machtinteressen durchzusetzen. Im Fall Deutschlands ging es darum, sich einmal mehr in Washington als verlässlicher Bündnispartner der USA zu empfehlen. Wo die Wirklichkeit nicht passte oder passt, wurde und wird sie passend gemacht. Am Hindukusch aber holte eben diese Wirklichkeit die eigene Fiktion wieder ein.

War aber alles nur schlecht? Hat es in Afghanistan nicht auch Fortschritte gegeben? Hat es. Nicht wegen, sondern ungeachtet des «Krieges gegen den Terror». Insbesondere in Kabul, einer Stadt mit vier bis sechs Millionen Einwohnern, darunter etwa zwei Millionen Binnenflüchtlinge, hat sich eine Mittelschicht etabliert. Darunter Händler, Dienstleister, Angestellte und Beamte, Mitarbeiter ausländischer Organisationen. Ihre Jobs oder Einkommensmöglichkeiten verdankten sie maßgeblich der UN- und NATO-Bubble vor allem in Kabul. Verlässliche Daten über ihre Größe fehlen ebenso wie eine genaue Begriffsbestimmung der «Mittelschicht». Es ist vermutlich nicht ganz falsch, etwa 100.000 bis 300.000 Menschen dieser Einkommensgruppe zwischen 500 und 1000 Euro im Monat zuzurechnen. Ihr Weltbild dürfte überwiegend pragmatisch sein, gemäßigt, nicht antiwestlich, aber auch nicht naiv pro-amerikanisch. In diesem Umfeld gediehen Kultur und Bildung, konnten einige Zehntausend Frauen zumindest in Teilen ein selbstbestimmtes Leben führen. Wenngleich nicht mehr im neuesten Chic bis hin zum Minirock, wie zur Zeit der Kommunisten.

Die wenigsten aus den Reihen der Kabuler Mittelschicht haben Sympathien für die Taliban – doch ebenso wenig für die Korruption und Repression der alten Machtelite. Sie drängt es mit Nachdruck ins Ausland, lieber heute als morgen würden sie das Land verlassen. Sofern sie aber nicht über gute Kontakte oder eine exzellente Ausbildung verfügen, ihnen Glück oder Zufall beisteht, haben sie seit dem 31. August 2021 kaum noch eine Chance auf Emigration. Nicht legal, nicht in Richtung Westen.

Haben sich die Bildungschancen für Mädchen und Frauen zur Zeit der NATO-Präsenz verbessert? In Teilen ja, vor allem in Kabul. Landesweit jedoch besuchte 2019 nur rund ein Drittel aller Mädchen eine Schule. Aufgrund traditioneller Rollenmuster, aber auch fehlender Mädchenschulen. Nur 16 Prozent der dortigen Schulen sind Mädchenschulen – gemischte Schulen sind nicht üblich. Und selbst wenn es sie gibt, fehlen vielfach sanitäre Anlagen. Somit kann auf Dauer kein Unterricht erfolgen. 3,7 Millionen Kinder gehen in Afghanistan nicht zur Schule, 60 Prozent von ihnen sind Mädchen. Armut und Not erklären, warum 17 Prozent der Afghaninnen, fast jede Fünfte, bereits vor ihrem 15. Geburtstag verheiratet sind.[31]

Hätten die kriegsführenden Länder daran etwas ändern wollen, wäre ihnen das finanziell ohne weiteres möglich gewesen. Wie erwähnt, haben sich die USA ihr militärisches Engagement in Afghanistan mehr als zwei Billionen US-Dollar kosten lassen. Den «Afghanistan Papers» zufolge sind geschätzt 21 Milliarden davon in nachhaltige zivile Projekte geflossen. Rund ein Prozent. Die Bundesregierung hat für ihren 20 Jahre währenden Afghanistan-Einsatz eigenen Angaben vom Oktober 2021 zufolge mehr als 17,3 Milliarden Euro ausgegeben – da die Ausgaben des BND als «geheim» eingestuft wurden, ist die genaue Endsumme nicht bekannt. Der mit weitem Abstand größte Posten entfiel auf die Bundeswehr. Dem Entwicklungsministerium standen insgesamt 2,46 Milliarden Euro für Afghanistan zur Verfügung – wobei ein nicht geringer Teil auf eigene Personalkosten entfällt, nicht zuletzt die Finanzierung der zahlreichen deutschen «Expats». Auch wenn man allen Helfern den besten Willen unterstellt, unterstreichen die Zahlen sehr deutlich, wo die Prioritäten lagen. Wenngleich der deutsche Anteil an zivilen Hilfsprojekten prozentual deutlich höher ausgefallen ist als jener der USA.

Lässt man die Höflichkeiten beiseite, war der Krieg in Afghanistan, der das Land 20 Jahre heimgesucht hat, in erster Linie ein Verbrechen an der einheimischen Bevölkerung. Glücklicherweise wird es militärische Interventionen wie in Afghanistan oder im Irak in dieser Form wahrscheinlich nicht mehr geben. Nicht aus humanitären Erwägungen, sondern aus Kostengründen. Die USA werden unliebsame Regime künftig weniger mit *boots on the ground* bekämpfen als mit Drohnen- oder Cyberangriffen und/oder Wirtschaftssanktionen. Hinzu kommen «Militärberater» vor Ort und die Ausbildung, Finanzierung und Förderung von Stellvertreter-Milizen.

Imperiale Kriege bedürfen einer Legitimation gegenüber der eigenen Bevölkerung. Die zu erreichen, dienen Feindbilder – der Kommunismus, der Islam. Doch es bedarf auch großer Ideale: Demokratie, Freiheit, Menschenrechte, die der Westen der Welt verheißt.

Die Zukunft ist weiblich

Das erklärt, warum die Frauenfrage eine so wichtige Rolle im Kontext des Afghanistan-Krieges gespielt hat und noch immer spielt, vor allem mit Blick auf eine politische Anerkennung der Taliban seitens westlicher Regierungen. Natürlich haben auch die westlichen Befürworter des «Krieges gegen den Terror» die Bedeutung der Frauenfrage für ihre Zwecke frühzeitig erkannt. Bereits im November 2001 erklärte Laura Bush, First Lady der USA, in einer Radioansprache, dass der «Kampf gegen den Terrorismus» gleichzeitig auch «ein Kampf für die Rechte und die Würde von Frauen» sei. Das Elend, dem Frauen und Kinder in Afghanistan ausgesetzt seien, «ist Ausdruck vorsätzlicher menschlicher Grausamkeit, ausgeübt von denen, die einzuschüchtern und zu kontrollieren suchen».

Ganz ähnlich äußerte sich Cherie Blair, Gattin des britischen Premierministers Tony Blair. Im selben Monat, November 2001, betonte sie bei einem gemeinsamen Auftritt mit mehreren britischen Ministern, man müsse «den afghanischen Frauen ihre Stimme zurückgeben», die unter den Taliban ihrer Menschenrechte beraubt worden seien. «Wir müssen ihnen helfen, ihren Mut stärken und ihnen ihre Stimme zurückgeben, damit sie das bessere Afghanistan aufbauen können, das wir alle sehen wollen.» Ergänzend sei hinzugefügt, dass Cherie Blair zwei Tage nach der Machtübernahme der Taliban im August 2021 folgerichtig zu Protokoll gab, sie sei «traurig und wütend» über das Schicksal der Frauen in Afghanistan.

Es ist ja richtig: afghanische Frauen sind in vielfacher

Hinsicht entrechtet und diskriminiert. Ihre Emanzipation aber ist ein langwieriges Projekt, aus den bereits benannten Gründen. Und ob sie tatsächlich ihrer «Befreiung» mittels einer brutalen Besatzung und Kriegsführung zugestimmt hätten, wären sie je um ihre Meinung gefragt worden, darf bezweifelt werden. Elitenvertreterinnen wie die Damen Bush und Blair benutzen das Thema als Mittel zum Zweck, nicht etwa aus Empathie für Afghaninnen. Andernfalls hätten sie und ihresgleichen 20 Jahre lang Gelegenheit gehabt, etwa die Drohnen- und Luftangriffe anzuprangern, denen Zehntausende Frauen und Kinder zum Opfer gefallen sind. Generalleutnant James Mattis, später unter Präsident Trump Verteidigungsminister, erklärte 2005 gar: «Du gehst nach Afghanistan und gerätst an Leute, die ihre Frauen fünf Jahre lang verprügeln, weil sie sich nicht verschleiert haben. Solche Typen sind ohnehin keine richtigen Männer mehr. Also macht es höllischen Spaß, sie zu erschießen.» Ob afghanische Frauen auch ihren Spaß hatten, wenn dergleichen selbsternannte Retter ihre Ehemänner und Ernährer umbrachten?

Nicht unerwähnt bleiben sollte, dass die American Academy in Berlin dem Frauenfreund Mattis 2021 den Henry A. Kissinger-Preis verlieh. In ihrer Laudatio hob Ursula von der Leyen (CDU), Präsidentin der EU-Kommission, hervor: «Danke für Deine Hingabe an das, was das Bündnis zwischen den Vereinigten Staaten und Europa für die Welt bedeuten kann.»

Auch die CIA hatte die propagandistische Wirkung des Frauenthemas erkannt. Das «Afghan War Diary», von WikiLeaks 2010 ins Netz gestellt, enthält eine CIA-Analyse vom 11. März 2010. Aus Sorge über den sich abzeichnenden Abzug der Niederlande aus Afghanistan entwickelte der US-Geheimdienst eine PR-Strategie, um die öffentliche Meinung in Deutschland und Frankreich, den dritt- und viertgrößten Truppenstellern, im Sinne Washingtons zu manipulieren. Um jeden Preis sollte verhindert werden, dass Berlin oder Paris dem holländischen Beispiel folgen. Die empfohlene PR-Strategie fokussierte sich auf propagandistisch leicht verfängliche *pressure points*. Im Fall Frankreichs galt es demzufolge, die Sympathien der Öffentlichkeit für afghanische Flüchtlinge und Frauen zu mobilisieren. In Deutschland dagegen rückte die Sorge über die Konsequenzen einer Niederlage in den Vordergrund. Stichworte Drogen, mehr Flüchtlinge, Terrorismus, Deutschlands Ruf innerhalb der NATO. Diese CIA-Analyse war als vertraulich eingestuft und ausdrücklich nicht zur Lektüre für «ausländische Staatsbürger» bestimmt.[32]

Das Thema Frauen ist bis heute ein Schwerpunkt der medialen Berichterstattung über Afghanistan. Nicht etwa die Frage nach Sinn oder Unsinn des Krieges. Die Taliban unterdrücken die Frauen, das können und dürfen «wir» nicht zulassen. Wenn aber westliche Militärinterventionen tatsächlich die Befreiung muslimischer Frauen zum Ziel hätten, heute wie schon damals, zu kolonialen Zeiten – dann müssten Musliminnen eigentlich die «befreitesten» und «freiesten» Frauen der Welt sein. Mindestens aber in Afghanistan und im Irak. Gerade dort allerdings leben sie als Folge des «Krieges gegen den Terror» unter den schwierigsten und hoffnungslosesten Bedingungen. Dieser Krieg hat sie nicht «befreit», sondern ihr Elend und ihre Armut noch verstärkt.

Warum eigentlich fordert niemand, auch den Frauen etwa in Saudi-Arabien oder Indien pro-aktiv beizustehen und dort ebenfalls einzumarschieren? Die Frauenfrage ist propagandistisch wirkmächtig, aber seitens hiesiger Entscheider in erster Linie Rhetorik, ein Mittel zum Zweck. Gleichzeitig schreibt sie das Rational kultureller Aneignung fort, in Gestalt eines modern gewendeten Orientalismus. Der westliche Hegemon fühlt sich berufen, die muslimische Frau aus dem Würgegriff der Taliban oder anderer Feinde des Fortschritts zu befreien.

Krieg und Besatzung als Voraussetzung, um afghanische Frauen zu befreien – auf die Idee muss man kommen. Hätten die maßgeblichen Entscheider die Taliban in die politische Neuordnung nach 2001 eingebunden, wären sie heute nicht wieder alleine an der Macht. Wäre das für afghanische Frauen von Nachteil? Sind lediglich die Taliban schuld an deren Misere? Oder spielt auch westliche Hybris eine Rolle? In den Worten der US-Politologin Belén Fernández: «Es braucht schon ein stark ausgeprägtes Maß an imperialer Verblendung, um ernsthaft anzunehmen, man könne Frauen in eine Art von Freiheit hineinbomben und hineinbesetzen, in die sie gar nicht hineingebombt und hineinbesetzt werden wollen.» Und, so die palästinensische Frauenrechtlerin Hebh Jamal: «Die mediale Darstellung der Frauenfrage erweckt den Eindruck, der Westen interessiere sich für die Rechte afghanischer Frauen, die amerikanisch geführte Besatzung schütze diese Rechte gar ... Während die Bürde afghanischer Frauen dazu dient, den US-Einmarsch in Afghanistan weißzuwaschen, werden afghanische Männer und Jungen kaum wahrgenommen. Dass auch sie Menschen und Opfer des Krieges sind, wird bewusst ausgeblendet ... Sie gelten vor allem als frauenfeindliche Gewalttäter ... Das Narrativ, afghanische Frauen seien unterdrückt und müssten in die Freiheit geführt werden, hat das Thema Gender in die erste Reihe der Weltpolitik katapultiert. Muslimische Männer wurden dagegen als Unterdrücker von Frauen und Feinde der westlichen Zivilisation wahrgenommen. Auf einmal galt der Krieg in Afghanistan als ein feministisches Vorzeigeprojekt, in den Augen der Amerikaner wie auch weiter Teile der internationalen Öffentlichkeit.»

Die Eliteeinheit 01

«Das Summen einer Drohne war das erste Geräusch, das Gefahr verhieß, gefolgt vom Dröhnen eines größeren Flugzeuges im Tiefflug. Damit wurde den Bewohnern des afghanischen Dorfes Omar Khail klar, dass sich Soldaten in der Nähe befinden mussten. Männer in Tarnuniformen zogen durch die Straßen, sprachen Paschtu und Englisch. Es geschah im Dezember 2018, die Luft war kühl. Sie drangen in eine Madrasa ein, eine Religionsschule, wo mehr als zwei Dutzend Jungen im Alter von neun bis 18 Jahren auf dem Boden mehrerer Schlafräume verteilt schliefen. Ein Nachbar auf der gegenüberliegenden Straßenseite sah durchs Fenster einen Blitz und hörte eine laute Explosion, als die Eingangstür der Schule aufgesprengt wurde. Dort erwachte der zwölfjährige Bilal, der mit neun anderen Jungen dicht an dicht in einem Schlafsaal geschlafen hatte.

‹Wacht auf!›, brüllte ein Mann auf Paschtu, während er nacheinander auf jeden einzelnen Jungen zielte. Auf seinem Gewehr war eine Taschenlampe befestigt. Ein zweiter Soldat kam herein, suchte sich die beiden größten Jungen heraus und führte sie nach draußen. Bevor der andere Soldat den Raum verließ, richtete er eine Warnung an die auf den Boden kauernden Jungen: ‹Sollte ich euch in dieser Madrasa wiederfinden, werden wir kein einziges Kind am Leben lassen.›

Bilal und die anderen drängten sich in den hinteren Teil des Raums, so weit entfernt wie möglich von der Tür, mit dem Rücken zu einem Fenster gegenüber vom Innenhof. Viele weinten, andere schwiegen. Auf dem Flur hörte Bilal englische Worte.

‹Sie werden uns nicht leben lassen›, murmelte ein Schüler.

In Erwartung ihres Todes rezitierten einige Jungen das islamische Glaubensbekenntnis: ‹Es gibt keine Gottheit neben Gott, und Mohammed ist der Prophet Gottes.› In dem Moment hallten Schüsse durch den Flur. ‹Für einen kurzen Moment›, sagte Bilal, hörte es sich an ‹wie viele Schnellfeuergewehre›. Es folgten die Schreie von Jungen, gefolgt von zwei lauten Explosionen. ‹Eine ließ das gesamte Gebäude erbeben›, sagte Bilal. ‹Danach haben wir nichts mehr gehört. Jeder war ruhig.›

Als die Sonne Stunden später aufging, verharrten Bilal und rund ein Dutzend weiterer Schüler schweigend zusammengekauert, einige zitterten noch immer vor Angst. In zwei weiteren Schulräumen und im Keller lagen zwölf Jungen, ihre Körper von Kugeln zerfetzt, auf- und übereinander.»

Mit dieser Szene beginnt das amerikanische Nachrichten- und Enthüllungsportal *The Intercept* einen umfassenden, teilweise kaum zu ertragenden Bericht unter der Überschrift «Die afghanischen Todesschwadronen der CIA». Sie untersucht zehn nächtliche Überfälle, Razzien, in der afghanischen Provinz Wardak, südwestlich von Kabul gelegen, zwischen 2018 und 2019. Insgesamt sind dabei 51 Zivilisten getötet worden, Männer und Frauen, das jüngste Opfer war acht Jahre alt. Laut Aussagen der Überlebenden hatten die wenigsten Kontakte zu den Taliban. Die Bewohner von vier Distrikten in Wardak erwähnten in dem Zusammenhang Massaker, Hinrichtungen, Verstümmelungen, Entführungen, Angriffe auf medizinische Einrichtungen und Luftangriffe auf Wohnhäuser.

Das «Besondere» an diesen Operationen in Wardak: Es waren «afghanische Agenten, die offenbar einer von der CIA ausgebildeten paramilitärischen Eliteeinheit angehörten, bekannt als «01». Gemeinsam mit US-Spezialeinsatzkräften und Luftunterstützung entfesselten sie ihre Terrorkampagne gegen Zivilisten». Doch weder die beteiligte afghanische Einheit «noch ihre amerikanischen Herren sind dafür je zur Rechenschaft gezogen worden, von keiner afghanischen und keiner US-Regierung».[33] Obwohl das Wirken der von der CIA aufgestellten, bewaffneten und finanzierten afghanischen Todesschwadronen umfassend dokumentiert ist. Systematisch, vorsätzlich und bewusst haben sie die grausamsten Verbrechen an der Zivilbevölkerung begangen. Avril Haines, seit Januar 2021 die von Präsident Biden ernannte Koordinatorin der 18 US-Geheimdienste (Director of National Intelligence), hat bislang keinerlei Bereitschaft erkennen lassen, diese Kriegsverbrechen aus dem Umfeld ihrer «Intelligence» untersuchen zu lassen.[34]

Aus gutem Grund nicht. Washington verwendet viel Zeit und politische Energie darauf, damit amerikanische Soldaten, Söldner, Geheimdienstler auf keinen Fall für ihre Taten vor Gericht gestellt werden. Schon 2008 hatte das afghanische Parlament eine Generalamnestie für alle Kriegsverbrecher erlassen. Das reichte den Amerikanern aber nicht. Sie bestanden darauf, dass die Regierung in Kabul ein weiteres, von Washington vorgelegtes Amnestiegesetz unterzeichnet. Mit dem Ziel, eine Anklageerhebung gegen US-Staatsangehörige grundsätzlich auszuschließen – nicht nur in Afghanistan selbst, sondern auch seitens des Internationalen Strafgerichtshofes in Den Haag oder einer anderen transnationalen Institution.

Zu den wenigen Pluspunkten des politischen Wirkens Hamid Karzais gehört, dass er sich diesem Ansinnen verweigert hat. Karzai bestand darauf, dass die USA ihre nächtlichen Razzien wie in Wardak mit ihren Abertausenden zivilen Toten einstellen. Darauf ließ sich die Obama-Administration nicht ein und drohte dem Präsidenten, man werde sämtliche US-Truppen aus Afghanistan abziehen, sollte er das entsprechende «Bilaterale Sicherheitsabkommen» nicht bis spätestens Jahresende 2013 unterschreiben. Dem Abkommen zufolge dürfen Amerikaner, die etwa in Afghanistan im Rahmen von Militäreinsätzen Straftaten begangen haben, nur in den USA belangt werden – was so gut wie nie geschehen ist. Der Public-Relations-Alptraum der US-Regierung: Ein amerikanischer Soldat landet für seine Beteiligung an einem Massaker vor einem Scharia-Gericht.

Doch Karzai durchschaute den Bluff mit dem Abzug und blieb bei seinem Nein. Erst sein Nachfolger Ghani tat wie geheißen und zeichnete gegen, als eine seiner ersten präsidialen Amtshandlungen, im September 2014. Da stand er noch nicht einmal als Wahlsieger fest. Reine Formsache, die Wahlen waren ja verlässlich gefälscht. Nicht unerwähnt bleiben sollte, dass auch die NATO-Truppenstatuten für Afghanistan (Status of Forces Agreement) eigenen Soldaten Immunität vor Strafverfolgung seitens Kabuls gewährten. Tatsächlich sind nur wenige westliche Soldaten für den Tod afghanischer Zivilisten verurteilt worden. Wo es doch zu Ermittlungen oder zur Anklage kam, siehe Oberst Klein, stand am Ende selten die Bestrafung, in der Regel der Ablass oder gar die Beförderung.

Es spricht für die Qualität der Beziehungen zwischen Deutschland und den USA, dass Frank-Walter Steinmeier (SPD), damals Außenminister, im Februar 2014 eigens nach Kabul reiste, um Karzai zur Unterzeichnung des «Bilateralen Sicherheitsabkommens» zu drängen. Er machte deutlich, «dass die Straffreiheit der NATO-Soldaten nicht nur wünschenswert, sondern auch notwendig sei. Der *Spiegel* berichtete damals über Steinmeiers Besuch und schrieb von Karzais ‹anti-amerikanischer Hetze›.»[35]

Den Gerichtshof «in der Wiege ersticken»

Hauptziel des Engagements Washingtons zur Vermeidung gerichtlicher Verfolgung amerikanischer Kriegsverbrecher war und ist jedoch der Internationale Strafgerichtshof in Den Haag (ICC) – obwohl die USA wie auch Russland, China oder Israel ihm gar nicht beigetreten sind. Dabei geht es nicht allein um Afghanistan und den Irak, sondern insbesondere auch um die von den USA betriebenen Folterzentren in den exterritorialen «schwarzen Löchern» von Drittstaaten, darunter etwa Polen oder Rumänien. Der ICC kann tätig werden, wenn ein Mitgliedstaat das verlangt, der Sicherheitsrat der Vereinten Nationen ihm einen Fall überträgt oder Staatsangehörige von Drittstaaten in einem Signatarstaat tätig werden. In dem Fall können auch Nichtregierungsorganisationen Klage einreichen oder der ICC von sich aus ein Verfahren einleiten. Da Afghanistan dem «Römischen Statut» des ICC beigetreten ist, kann dieser auch gegen die USA ermitteln, obwohl die kein Mitgliedstaat sind.

Die Staatanwälte des ICC hatten gehofft, in der Regierung Obama Unterstützung für ihre Klageersuchen gegen US-Täter zu finden. Umso mehr, als die unter seinem Vorgänger Bush praktizierten Folterpraktiken im «Krieg gegen den Terror» auch in der US-Öffentlichkeit auf große Ablehnung gestoßen waren. Doch sie sollten sich täuschen: Die Abneigung, amerikanische Kriegsverbrechen zu untersuchen, werde von beiden Parteien getragen, hieß es aus Washington. Auch daran abzulesen, dass der Kongress 2002 unmittelbar nach Gründung des ICC eine Gesetzesvorlage der Regierung Bush verabschiedet hatte, mit den Stimmen von Republikanern wie Demokraten, die den USA jedwede Zusammenarbeit mit dem ICC untersagt. Mehr noch, die

US-Regierung wäre sogar berechtigt, vom ICC inhaftierte amerikanische Staatsbürger gewaltsam zu befreien.

Hauptagitator gegen den ICC war John Bolton, unter Präsident Bush im Außenministerium zuständig für Rüstungskontrolle und Internationale Sicherheit, später Nationaler Sicherheitsberater unter Präsident Trump. Das Gericht, befand er, sei ein direkter Angriff auf die amerikanische Souveränität, seine Existenz müsse mit allen Mitteln bekämpft werden. Bolton initiierte ein großangelegtes politisches Manöver, in dessen jahrelangem Verlauf mehr als 100 Staaten «Bilaterale Sicherheitsabkommen» mit den USA unterzeichneten, à la Afghanistan.

Doch die gambische Chefanklägerin des ICC, Fatou Bensouda, ließ sich davon nicht beirren. In einer vorläufigen Untersuchung 2015 stellte sie mit Blick auf das amerikanische Vorgehen in Afghanistan fest: «Mitglieder der US-Streitkräfte und des US-amerikanischen Geheimdienstes CIA haben sich Methoden bedient, die Kriegsverbrechen wie Folter, grausamer Behandlung, Entwürdigung und Vergewaltigung gleichkommen.» Im November 2017 schließlich beantragte sie die Eröffnung eines Strafverfahrens in der Causa Afghanistan-Krieg seit 2002: gegen die USA, die afghanische Armee sowie die Taliban. Bolton reagierte umgehend im *Wall Street Journal*: Die USA sollten «die Gelegenheit willkommen heißen, den Gerichtshof in der Wiege zu ersticken». Und weiter: «Liebe Frau Anklägerin, soweit es uns betrifft, sind Sie tot.»

Im April 2019 entzogen die USA Bensouda wegen ihrer Ermittlungen das Einreisevisum, wie zuvor von US-Außenminister Mike Pompeo angekündigt. Dennoch nahm der ICC im März 2020 seine Ermittlungen zu Kriegsverbrechen in Afghanistan auf, auch gegen US-Militärs und Angehörige der CIA. Daraufhin verfügte die Regierung Trump im Juni, dass alle Besitztümer von Mitarbeitern des ICC in den

USA beschlagnahmt, deren Bankguthaben eingefroren werden können. Im September kündigte Pompeo an, Bensouda auf eine Art Terrorliste zu setzen, jener der Specially Designated Nationals and Blocked Persons (SDN). Dabei handelt es sich um eine Schwarze Liste mit Tausenden Unternehmen, Organisationen, Vereinen oder Einzelpersonen, die als Risiko für die nationale Sicherheit sowie die Außen- und Sicherheitspolitik der USA gelten.

Die Regierung Biden hob diese Sanktionsmaßnahmen wieder auf. Doch wollte es eine glückliche Fügung, dass Bensouda von den Mitgliedstaaten des ICC als Chefanklägerin nicht wiedergewählt wurde. Der neue Chefankläger seit Juni 2021, der Brite Karim Khan, dürfte ein Jurist ganz nach dem Gusto Washingtons sein. Im September teilte er mit, er habe einen Eilantrag gestellt, um die Ermittlungen in Afghanistan wiederaufnehmen zu können. Dabei wolle sich das ICC allerdings auf mutmaßliche Kriegsverbrechen der Taliban und des Islamischen Staates beschränken. Konkret nannte Khan ihnen vorgeworfene Angriffe auf die Zivilbevölkerung, illegale Hinrichtungen, Verfolgung von Frauen und Mädchen sowie Verbrechen gegen Kinder. «Andere Aspekte der Untersuchung» wolle er hingegen «entpriorisieren». Das bedeutet übersetzt: Die USA stehen nicht länger im Fokus der Ermittlungen. Die Begründung zeugt nicht unbedingt von Logik, aber durchaus von Kreativität. Denn Khan zufolge lasse die «de facto Kontrolle des Territoriums von Afghanistan durch die Taliban» unabhängige Ermittlungen nicht zu. Was wiederum eine Neujustierung des gerichtlichen Mandats zwingend erforderlich mache.[36]

Wie gut, möchte man ergänzen, dass die Verantwortlichen in den USA gar nicht erst auf die Idee kommen würden, sich unabhängigen Ermittlungen des ICC in den Weg zu stellen. Nicht unerwähnt bleiben sollte, dass die Angehörigen der Eliteeinheit 01, jene lokalen Kollaborateure der CIA, die es den Amerikanern erlaubten, weitgehend unerkannt zu morden, bevorzugt aus Kabul evakuiert wurden. Sie wie auch die einer anderen afghanischen CIA-Miliz, der National Strike Units. Beide Gruppen halfen den Amerikanern auch, den Flughafen von Kabul zu sichern. In den letzten chaotischen Tagen waren maßgeblich sie es, die darüber entschieden, wer auf das Flughafengelände durfte und wer nicht. Dabei verlangten sie teilweise Tausende US-Dollar von Ausreisewilligen. Laut *Washington Post* haben die USA 60,000 Afghanen evakuiert – deutlich weniger als die offiziellen US-Angaben zufolge weit über 100.000 Ausgeflogenen. Ein Drittel davon, 20.000, hat demzufolge die CIA zur Ausreise bestimmt. Darunter Milizionäre wie die aus den Reihen der «01» und deren Familienangehörige. Die hatten Priorität – nicht afghanische Zivilangestellte von US-Behörden oder gar Menschenrechtsaktivisten, die vielfach zurückgelassen wurden.[37]

Zurück in die Vergangenheit? Die Taliban an der Macht

Im Zuge der Machtübernahme der Taliban nach dem 15. August 2021 hat es landesweit Übergriffe gegeben, aber keine Nacht der langen Messer. Deren politische Führung ist sich offenbar der Notwendigkeit bewusst, ein neues Kapitel in der Geschichte des Landes aufzuschlagen. Lediglich die brutalen Methoden der alten Machthaber durch die der neuen zu ersetzen, Terror und Gewalt systematisch fortzuführen, eröffnet keine neuen Perspektiven für Afghanistan. Die Taliban werden von ihren Landsleuten daran gemessen werden, ob sie Stabilität und Frieden garantieren können und die schwierige Wirtschaftslage in den Griff bekommen.

Wer hat was zu sagen?

Die interne Organisationsform der Taliban ist für Außenstehende schwer zu ergründen. Im Kern setzen sie offenbar die aus ihrer Sicht bewährten Strukturen der ersten Regierungszeit (1996–2001) fort. Das bedeutet, es gibt ein inneres Machtzentrum, um das herum zahlreiche weitere, periphere Machtzentren angesiedelt sind, in Gestalt konzentrischer Kreise. Nominell nimmt seit September eine «Übergangsregierung» die politische Verantwortung wahr. Ihre elf Mitglieder gehören überwiegend der Gründergeneration um Mullah Omar an, Frauen sind nicht vertreten, auch keine Nicht-Paschtunen. Neben diesem «Kabinett» sind die ersten der 33 Mitglieder einer erweiterten, «neuen islamischen Regierung» ernannt, nicht gewählt worden, der auch Vertreter der Minderheiten angehören. Wann die «Übergangsregierung» von der «islamischen» abgelöst werden soll, zeichnet sich Anfang 2022 nicht ab. Besagte Fokussierung auf paschtunische Repräsentanten widerspricht den Aussagen des Führungspersonals der Taliban, denen zufolge sie eine inklusive Regierung «aller Afghanen» bilden wollen.

Einer der einflussreichsten Taliban ist der «amtierende Premierminister»: Mullah Mohammed Hassan Akhund. Er war ein Weggefährte Mullah Omars und in der ersten Regierungszeit der Taliban zunächst Außenminister, dann stellvertretender Premierminister. Jahrelang hatte er den Vorsitz in dem lange Zeit einflussreichsten Gremium der Taliban inne, der Rehbari Schura, dem Führungsrat. Auch bekannt als Quetta Schura, benannt nach der Hauptstadt in der pakistanischen Provinz Belutschistan, wo die Exilführung der Taliban ihren Sitz hatte. Er stammt aus Kandahar und gehört der Durrani-Linie der Paschtunen an, also ihrer historischen Macht- und Herrschaftselite. Akhunds Alter wird auf Mitte 60 geschätzt, er steht auf einer Sanktionsliste der Vereinten Nationen von 2010, die insgesamt 150 Taliban umfasst – mit freundlichen Empfehlungen aus Washington. Unter den Taliban genießt er höchste Wertschätzung, er soll ein enger Vertrauter von Haibatullah Akhundzada sein, ihrem spirituellen Führer.

«Amtierender stellvertretender Premierminister» ist Mullah Abdul Ghani Baradar, den Präsident Trump in einem Telefonat nach Unterzeichnung des Doha-Abkommens 2020 als «prima Kerl» bezeichnete. Mullah Baradar, Jahrgang 1968, in Kandahar aufgewachsen, gehört zu den

Mitbegründern der Taliban. Er ist mit einer Schwester Mullah Omars verheiratet und gilt seit dessen Tod 2013 als ihre Nummer zwei nach Haibatullah Akhundzada, über den wenig bekannt ist. Akhundzada stammt aus der Provinz Kandahar, auch er war ein Weggefährte Mullah Omars und wurde um 1961 geboren. Der Prediger und Religionslehrer gilt als Hardliner und ist Oberhaupt der Schura von Kandahar, angeblich die wirkliche Machtzentrale der Taliban – nicht die Regierung in Kabul. Am 30. Oktober 2021 hielt er erstmals eine öffentliche Ansprache, in Kandahar, in deren Verlauf nicht fotografiert oder gefilmt werden durfte.

Nach dem US-geführten Einmarsch in Afghanistan war Mullah Baradar nach Pakistan geflohen, wo er 2010 inhaftiert wurde. In Islamabad war er in Ungnade gefallen, weil er sich für Friedensgespräche mit der Regierung von Hamid Karzai ausgesprochen hatte. Das aber lag zu der Zeit nicht im Interesse Pakistans. 2018 kam er auf Veranlassung Washingtons wieder frei. Anschließend wirkte er als Leiter der Taliban-Vertretung in Katar und führte deren Verhandlungen mit den USA, mit Chefunterhändler Zalmay Khalilzad, über den amerikanischen Truppenabzug. Wegen seines Verhandlungsgeschickes erwarb er sich große Anerkennung unter den Taliban, aber auch für Washington ist er der erste Ansprechpartner – nicht zuletzt beim erwähnten Besuch von CIA-Chef William Burns in Kabul. Das *Time Magazine* rechnete Baradar im September 2021 «zu den 100 einflussreichsten Personen 2021».

«Amtierender Verteidigungsminister» der «Übergangsregierung» ist Mullah Mohammed Yaqoob, der Sohn Mullah Omars. Im Krieg gegen die Besatzung war er ein maßgeblicher Koordinator der zahlreichen Feldkommandanten. Zwei Mitglieder des einflussreichen Haqqani-Netzwerkes bekleiden den Posten des «amtierenden Innenministers» sowie des «amtierenden Ministers für Flüchtlingsfragen».

Beide stehen ganz oben auf der Terrorliste des FBI, das ihnen, wie dem Haqqani-Netzwerk insgesamt, zahlreiche Terroranschläge vorwirft.

Als «amtierender Außenminister» wirkt Mawlawi Amir Khan Mutaqqi, der in der ersten Regierungszeit der Taliban Erziehungsminister war. Er gehörte zu deren Verhandlungsdelegation in Katar und spielte im Krieg eine wesentliche Rolle bei den Kapitulationsverhandlungen mit lokalen und regionalen Kriegsgegnern, in Vorbereitung weiterer Eroberungen. «Mawlawi» ist ein bloßer Ehrentitel wie auch «Mullah», er bezeichnet den Absolventen einer angesehenen Madrasa.

Hardliner und Pragmatiker

Das Herrschaftsmodell der Taliban beruht wesentlich auf informellen Strukturen. Das nominelle Amt sagt nicht notwendigerweise etwas aus über den Status des Amtsinhabers innerhalb der Gruppe. Ihre wenig transparente Regierungsform ist dem Werdegang der Taliban geschuldet sowie der Notwendigkeit, 20 Jahre im Untergrund zu wirken. Jetzt aber bedürfte es einer Weiterentwicklung in Richtung Inklusion und Pluralität. Werden die Taliban in der Lage sein, diesen Weg zu gehen? Wollen sie das überhaupt? Entscheidende Fragen, die gegenwärtig nicht zu beantworten sind. Dafür ist es noch zu früh. Der Macht des Faktischen aber und den gesellschaftlichen Erfordernissen werden sie sich auf Dauer nicht entgegenstellen können. Die Zeit der politischen Einsiedelei in Kandahar erscheint abgelaufen, religiöses (Halb-)Wissen reicht nicht aus, einen modernen Staat zu führen.

Längst sind die Taliban keine homogene Gruppe mehr, in ihren Reihen finden sich Hardliner ebenso wie Pragmatiker und zahlreiche weitere «Untersekten». In der «Übergangsregierung» sind beide Lager vertreten, mit leichtem Überhang zugunsten der Hardliner. Sie bevorzugen die Fortsetzung des bisherigen, intransparenten Regierungsstils und zeigen wenig Bereitschaft, Minderheiten an der Macht zu beteiligen oder sich in der Frauenfrage zu bewegen. Gleichzeitig muss die Taliban-Führung darauf achten, nicht die Kontrolle über ihre Kämpfer zu verlieren. Sie erwarten eine «Siegprämie» in Gestalt von Jobs, Privilegien und einem besseren Leben. Vielfach glauben einfache Taliban, sie hätten ein Recht darauf, sich selbst zu bedienen. Indem sie etwa Wohnungen oder Häuser für sich requirieren oder Autos beschlagnahmen, wie vielfach geschehen. Wer würde es wagen, sich ihnen in den Weg zu stellen?

Die Taliban haben alle Verwaltungsstrukturen beibehalten, gezielte Säuberungsaktionen innerhalb des Staatsapparates gab es nicht. Nach allem, was wir wissen, sind auch Frauen nicht systematisch entlassen worden. Allerdings bleibt offen, ob Mädchen in Zukunft weiterführende Schulen und Universitäten besuchen können oder nicht, ob und welche Berufe Frauen künftig ausüben dürfen. Die angewandten Regeln unterscheiden sich von Provinz zu Provinz, teilweise von Stadt zu Stadt und werden im Zweifel von den jeweiligen Ortsgrößen der Taliban festgelegt. Diese Unsicherheit, die wie ein Schatten über der Zukunft afghanischer Mädchen und Frauen liegt, ist den miteinander rivalisierenden Machtzentren innerhalb der Taliban-Führung geschuldet. Die Hardliner wollen an den traditionellen, vormodernen gesellschaftlichen Strukturen festhalten. Die Pragmatiker dagegen wissen sehr wohl, dass auch die islamischen Nachbarländer von ihnen erwarten, Frauen am öffentlichen Leben teilhaben zu lassen. Andernfalls riskieren die Taliban ihre dauerhafte politische Isolation. Ganz unabhängig davon, dass sie auf jedes einzelne Talent im Land dringend angewiesen sind. Ihre Kämpfer haben eine Weltmacht besiegt, aber keine Vorstellung davon, wie man etwa einen Flughafen betreibt. Die Türkei und Katar organisieren gegenwärtig den afghanischen Flugverkehr und haben die dafür erforderlichen Fachkräfte nach Kabul entsandt.

Die größte Herausforderung der Taliban aber wird auf längere Sicht die desaströse Wirtschaftslage sein. Die US-Regierung hat unmittelbar nach der Machtübernahme der Taliban, die bislang (Januar 2022) von keinem Land der Welt anerkannt worden ist, darauf hingewirkt, im Einklang mit der Weltbank und dem Internationalen Währungsfonds (IWF), alle Auslandsguthaben Afghanistans einzufrieren und bereits bewilligte Darlehen und Kredite nicht auszuzahlen. Formal unter Verweis auf die Missachtung der Menschen- und Frauenrechte. Das Gesamtvolumen der blockierten Gelder beläuft sich auf 9,5 Milliarden US-Dollar – *peanuts,* gemessen an den Kriegskosten. Zwar gibt es keine Rechtsgrundlage für das Einfrieren afghanischer Auslandsguthaben, doch die Amerikaner wollen Rache für ihre Niederlage, für diese unverzeihliche Demütigung. Den Preis dafür zahlt einmal mehr die Zivilbevölkerung. Denn der «Übergangsregierung» fehlen die finanziellen Möglichkeiten, deren Lebensmittelversorgung zu gewährleisten. Nach zwei katastrophalen Missernten, maßgeblich dem Klimawandel geschuldet, haben längst nicht mehr alle Afghanen die Möglichkeit, mit Hilfe von Subsistenz-Landwirtschaft einigermaßen über die Runden zu kommen.

Die Folgen könnten dramatischer kaum sein. Der Weltbank zufolge waren bereits Ende Oktober 2021 rund 14 Millionen Afghanen, etwa jeder Dritte, von akuter Lebensmittelunsicherheit bedroht. Bis März 2022 soll ihre Zahl auf 22 Millionen anwachsen, auf mehr als die Hälfte der Bevölkerung. Prognosen zufolge könnten bereits 2022 mehr Menschen hungers sterben als es in 20 Kriegsjahren zivile Tote gegeben hat. Diese verheerende Entwicklung ist laut Weltbank nicht allein, aber maßgeblich auf die Einstellung der internationalen Hilfe zurückzuführen, dem fehlenden Zugang Kabuls zum Kapitalmarkt. Die ohnehin schwierige Wirtschaftslage hat sich dadurch zusätzlich verschärft. Etwa 75 Prozent des Regierungsbudgets entfiel auf ausländische Hilfszahlungen. Deren Wegfall mit dem 15. August 2021 bedeutet, dass Hunderttausende Beamte und staatliche Angestellte kein Gehalt mehr beziehen. Auch der Gesundheitssektor laviert am Rande des Zusammenbruchs. Es fehlt das Geld, um etwa Medikamente einzukaufen. Sofern dieses Elend überhaupt in der hiesigen Berichterstattung seinen Niederschlag findet, wird die entscheidende Ursache sehr selten nur benannt: die von Washington initiierten Zwangsmaßnahmen. Die *Financial Times* spricht in dem Zusammenhang von «einer der schlimmsten ökonomischen Kernschmelzen in der Geschichte».

Mit der Machtübernahme der Taliban kam es zu einem Run der Kunden auf die Banken, die sich gezwungen sahen, wochenlang zu schließen. Seit Wiedereröffnung darf ein Kunde maximal 200 US-Dollar, meist in afghanischer Währung, innerhalb einer Woche abheben, Stand Jahresbeginn 2022. Aus guten Gründen haben die Taliban darauf verzichtet, die Druckerpresse anzuwerfen. Die meisten Geldwechselstuben mussten schließen, gezahlt werden darf ausschließlich in Landeswährung. Gleichzeitig können im Ausland lebende Afghanen nicht ohne weiteres Geld in die Heimat überweisen – in den Banken fehlt es schlichtweg an Bargeld. Selbst das Hawala-System stößt hier an seine Grenzen. Die im Umlauf befindliche Geldmenge soll nicht erhöht werden: das Ergebnis wäre eine Hyper-Inflation. Ausländische Banken, die mit der afghanischen Zentralbank zusammenarbeiten oder auch nur Geld von Afghanen im Exil überweisen wollen, riskieren Straf- und Sanktionsmaßnahmen durch die USA. Im Dezember 2021 hat die Regierung Biden Hilfszahlungen «aus humanitären Gründen» teilweise freigegeben – wenig mehr als ein Tropfen auf den heißen Stein.

Afghanen flüchten

Nach Angaben des Norwegischen Flüchtlingsrates (NRC) sind in den ersten zwei Monaten nach Machtübernahme der Taliban 300.000 Afghanen in den Iran geflüchtet, fast durchweg Angehörige von Minderheiten. Täglich kommen 4000 bis 5000 hinzu. Noch einmal 300.000 Menschen haben in Pakistan Zuflucht gefunden, überwiegend Paschtunen. Um der Taliban-Herrschaft zu entgehen, vor allem aber infolge der humanitären Krise und der bevorstehenden Winterkälte. Insgesamt leben im Iran 3,6 Millionen afghanische Flüchtlinge, fast so viele wie in Pakistan. Während Islamabad dafür von Zeit zu Zeit finanzielle Unterstützung seitens der Staatengemeinschaft erhält, geht Teheran nahezu leer aus. Die Sanktionsbestimmungen der USA greifen auch hier. Zwar haben die Vereinten Nationen auf einer Geberkonferenz im September 2021 eine Milliarde US-Dollar zur Unterstützung afghanischer Flüchtlinge und zur Linderung der größten Not bereitgestellt, doch in erster Linie auf dem Papier. Zwei Monate später waren erst zehn Prozent des angekündigten Betrages auch tatsächlich seitens der Geberländer bereitgestellt worden. Sollten die USA ihre Strangulierungspolitik gegenüber Afghanistan fortsetzen, sollte sich die Wirtschaftslage nicht verbessern und Afghanen zu Tausenden erfrieren oder verhungern, wird es einen Flüchtlingstreck in Richtung Türkei und Europa geben, der jenem aus Syrien 2015 in nichts nachstehen dürfte. Die vom NRC kritisierte polnische Antwort auf die Krise, nämlich die wenigen afghanischen Flüchtlinge, die es bis nach Polen schaffen, wieder nach Afghanistan zurückzuschicken, ist beschämend und löst das Problem nicht.

Dessen ungeachtet jedoch sind die langfristigen wirtschaftlichen Perspektiven des kriegszerstörten Landes gar nicht mal schlecht. Zum einen liegen die alten Pläne zum Bau von Erdgas- und Erdöl-Pipelines von Turkmenistan via Afghanistan nach Pakistan wieder auf dem Tisch. Vor allem aber ist Afghanistan reich an Bodenschätzen. Unter anderem Eisenerz, Marmor und Seltene Erden warten darauf, gefördert zu werden, im Schätzwert von rund einer Billion US-Dollar. Das erklärt, warum sich China dort wirtschaftlich stark engagiert, bereits mit dem gestürzten Regime langfristige Explorationsverträge geschlossen hat und nach Angaben der Taliban ihr Hauptfinanzier werden könnte. Während die EU-Staaten ihr Botschaftspersonal im August sämtlich aus Kabul abgezogen haben, blieben die Vertretungen Russlands und Chinas geöffnet. Brüssel wie auch Berlin folgten politisch zunächst den eingeübten Reflexen: Die Taliban müssten erst einmal Menschen- und Frauenrechte gewähren, danach werde man weitersehen. Dann aber, im Oktober, schwenkten die EU wie auch die Bundesregierung um. Stattdessen hieß es nun, man werde die europäischen Botschaften in Afghanistan sukzessive wieder eröffnen, wenngleich zunächst nur eingeschränkt und mit Hauptsitz in Doha. Letztendlich läuft das auf eine graduelle Anerkennung der Taliban-Herrschaft hinaus. Die USA lassen sich in Afghanistan diplomatisch von Katar vertreten, ähnlich im Iran, wo die Schweiz US-Interessen wahrnimmt.

Was wäre auch die Alternative? Der Einfachheit halber China und Russland das Feld zu überlassen? Moskau war nicht Teil des «Krieges gegen den Terror», hat aber lange mit Washington in Afghanistan kooperiert und den Sturz der Taliban 2001 ausdrücklich begrüßt. Russische Militärberater sollen sogar die Nordallianz gemeinsam mit US-Spezialtruppen bei ihrem Vormarsch auf Kabul unterstützt haben. Da die Taliban damals enge Beziehungen zu tschetschenischen Extremisten unterhielten, war aus Sicht Moskaus eine rote Linie überschritten. Die russische Führung erlaubte der NATO sogar zeitweise, russisches Territorium für den Transport von «nicht tödlichen Gütern» auf dem Landweg zu nutzen. Dabei ging es um den Transit etwa von Transportfahrzeugen, Lebensmitteln, Treibstoff nach Afghanistan. Diese Kooperation endete im Zuge der Ukraine-Krise 2014.

Obwohl der Kreml die Taliban auch nach ihrer erneuten Machtübernahme nicht sofort von der Terrorliste gestrichen hat, sind die beiderseitigen Beziehungen von Pragmatismus geprägt. Zu einer Annäherung kam es erstmals 2015, als Moskau die Kooperation der Taliban bei der Bekämpfung des Islamischen Staates suchte: aus Sorge, die Dschihadisten könnten von Afghanistan aus den Südkaukasus destabilisieren. Der damalige US-Außenminister Rex Tillerson warf Russland im August 2017 vor, Waffen an die Taliban zu liefern. Die russische Regierung wies das zurück und bezeichnete den Vorwurf als «erstaunlich». Falls die Anschuldigung zuträfe, was für Außenstehende kaum nachzuprüfen ist, hätte Moskau Waffen an erklärte «Terroristen» geliefert. Grundsätzlich erscheint bei derartigen US-Vorwürfen eine gewisse Vorsicht geboten. Im Juni 2020 berichtete die *New York Times*, Russland hätte den Taliban «Kopfgeld» für getötete US-Soldaten gezahlt. Im April 2021 allerdings räumte eine Sprecherin der Regierung Biden ein, diese Behauptung sei «wenig bis gar nicht glaubwürdig».

Seit 2018 sind wiederholt Delegationen der Taliban nach Moskau gereist. Präsident Putin ernannte den Diplomaten Zamir Kabulov zum Sondergesandten für Afghanistan (man beachte den Nachnamen), der im Laufe der Zeit gute Kontakte und Beziehungen zu den Taliban aufgebaut hat – ganz im Gegensatz zu den Vertretern der EU, die erst mit dem 15. August 2021 die Zeichen an der Wand erkannt haben (wollen).

Hier Rache, dort Geschäfte

Vieles spricht dafür, dass sich Afghanistan unter den Taliban geopolitisch und wirtschaftlich in Richtung China und Russland orientiert. Eine andere Wahl haben sie auch nicht, solange die USA ihre Obstruktionspolitik gegenüber Kabul fortsetzen. Ob Washington sich mittelfristig für Pragmatismus entscheidet oder aber für einen hybriden Krieg gegen die Taliban, geführt mit Drohnenangriffen und Cyberattacken, im Namen von Terrorbekämpfung und Frauenrechten, bleibt abzuwarten. Vor allem China, aber auch Russland werden lukrative, milliardenschwere Verträge mit der neuen Führung in Kabul abschließen, soweit nicht bereits geschehen. Dabei geht es um den Wiederaufbau allen voran der zerstörten, maroden oder veralteten Infrastruktur im Gegenzug für weitere Explorationsverträge, den Abbau afghanischer Bodenschätze. Darüber hinaus ist Afghanistan ein wichtiges Transitland der chinesischen «Neuen Seidenstraße». Die Verhandlungen über deren Ausbau sind offenbar schon sehr weit fortgeschritten. Bereits im Juli 2021, also noch vor ihrer Machtübernahme, ist eine Top-Delegation ranghöchster Taliban-Vertreter nach Tianjin in China gereist und traf dort den chinesischen Außen- wie auch Wirtschaftsminister.

Russland wie auch China dürften unmissverständlich klargestellt haben, dass jedwede Kooperation mit den Taliban davon abhängt, dass sie weder russische noch chinesische Islamisten in irgendeiner Form unterstützen oder gar beherbergen. Das ist die rote Linie. Moskau will um jeden Preis verhindern, dass vom Hindukusch aus eine Destabilisierung der benachbarten GUS-Staaten erfolgt oder gewaltbereite Dschihadisten aus dem Südkaukasus in Afghanistan ihren Rückzugsort finden. Peking geht es insbesondere um die Bekämpfung der Islamischen Bewegung Ost-Turkestans, «East Turkestan Islamic Movement» (ETIM). Dabei handelt es sich um eine uigurische Extremistengruppe, die laut Sicherheitsrat der Vereinten Nationen über 1000 bis 3500 Kämpfer in Syrien und in Afghanistan verfügt. Die UN führen die ETIM auf der Terrorliste, Präsident Trump hat sie im November 2020 von der US-Terrorliste gestrichen. Der Verdacht liegt nahe, dass sich Washington ihrer perspektivisch als Stellvertretermiliz oder Instrument der Destabilisierung bedienen könnte.

Ausländische Dschihadisten in Afghanistan, über deren nähere Zusammensetzung und Anzahl wenig oder gar nichts bekannt ist, haben sich vermutlich in den Reihen des Islamischen Staates zusammengefunden. Diese Terrorgruppe, die ihren Ursprung im Staatszerfall Iraks nach dem Sturz Saddam Husseins hat, nennt sich in Afghanistan «Islamischer Staat – Khorasan» (abgekürzt als IS-K oder ISIS-K). Khorasan bezeichnet eine historische Region in Zentralasien, auf dem Gebiet der heutigen Staaten Afghanistan, Iran, Tadschikistan, Usbekistan und Turkmenistan. Wie erwähnt war es 2015 zu einem «Krieg im Krieg» in der östlichen Provinz Nangarhar an der pakistanischen Grenze gekommen. Der damalige Gouverneur und seine Getreuen hatten in solchem Umfang Landraub betrieben, dass es zu einem Aufstand lokaler Stämme kam. Ein Machtvakuum war entstanden, das von Kämpfern des IS-K gefüllt wurde: ihr Einfallstor nach Afghanistan.

Um weitere Anhänger zu rekrutieren, setzen sie auf eine Strategie extremer Gewalt und verheerender Anschläge.

Auch der Anschlag vom 26. August 2021 am Flughafen von Kabul mit 175 Toten, darunter 13 US-Soldaten, ging auf ihr Konto. Die Strategie dahinter: Wir inszenieren uns als die einzig wahren und konsequenten Dschihadisten, gehen keine Kompromisse mit wem auch immer ein. Sieg oder Tod. Der IS-K sieht in den Taliban «Verräter» und führt gegen sie Krieg, in Gestalt landesweiter Terroranschläge, bevorzugt auf Moscheen, öffentliche Plätze und Sicherheitskräfte der Taliban. Aber auch Krankenhäuser hat er bereits angegriffen. UN-Angaben zufolge zählt er rund 2000 Kämpfer – eine überschaubare Größe verglichen mit etwa 70.000 bewaffneten Taliban.

Noch ist nichts entschieden

Doch es besteht die Gefahr, dass sich desillusionierte Koranschüler, die sich um die Früchte ihres Sieges betrogen sehen oder einfach nur weiterkämpfen wollen, weil sie nie etwas anderes gelernt haben, dem IS-K anschließen. Der verkauft sich zunehmend als Widerstandsbewegung gegen die «unislamische» Herrschaft der Taliban. Dabei geht es nicht wirklich um Religion oder Ideologie, sondern schlichtweg um die Machtfrage.

Die Taliban gehen mit äußerster Härte gegen den IS-K vor, auch mit standrechtlichen Erschießungen. Mehrere von dessen Führungskadern haben die Taliban eigenen Angaben zufolge bereits liquidiert. Angeblich haben sie im Oktober 1500 Dschihadisten des IS-K in Nangarhar festgenommen. In zahlreichen Provinzen wurden Moscheen radikaler Salafisten geschlossen, von ideologischen Wegbereitern also des IS-K. Längst unterstützt der pakistanische Geheimdienst ISI die Taliban in ihrem Kampf gegen diese Terroristen, logistisch und militärisch. Nicht uneigennützig, denn der IS-K hat auch in Pakistan bereits zahlreiche Anschläge verübt und findet Rückhalt ebenso in den Reihen der pakistanischen Taliban, deren Führung deutlich radikaler ist als die ihrer afghanischen «Glaubensbrüder».

Mit anderen Worten: Die Zukunft Afghanistans ist noch nicht entschieden. Sollte sich die Wirtschaftslage weiterhin verschlechtern und sollten die Lebensbedingungen von Millionen Afghanen prekär bleiben, bekommen die Taliban ein ernsthaftes Problem, steht ihre politische Legitimation auf dem Spiel. Russland und China werden sich kaum direkt in innerafghanische Machtkämpfe einmischen – die Geschichte des Landes lädt dazu wahrlich nicht ein. Da westliche Akteure immer wieder davor warnen, Afghanistan könnte nach dem Abzug der NATO erneut Heimstatt für international agierende Dschihadisten und Terroristen werden, wäre es an der Zeit, den Worten auch Taten folgen zu lassen. Allen voran in Form von Wirtschaftshilfe und logistischen Beistandes im Kampf gegen den IS-K. Niemand im Westen hat Sympathien für die Taliban. Das ist mehr als verständlich, doch ersetzt die moralische Emphase nicht die Notwendigkeit, Tatsachen zur Kenntnis zu nehmen. Die neuen Machthaber in Kabul zu boykottieren oder, wie die USA, gleich die gesamte afghanische Bevölkerung ökonomisch zu strangulieren führt politisch ins Nirgendwo. Mehr noch, diese Strangulierung ist gleichermaßen kriminell wie auch ein Offenbarungseid. Von wegen «Werte» und «Frauenrechte».

Einmal angenommen, die Taliban scheitern. Dann geschieht zweierlei. Ein gewaltiger Flüchtlingstreck bricht auf in Richtung Europa – glaubt irgendjemand ernsthaft, dass Washington Anlass hätte, sich daran zu stören? Und Afghanistan könnte dann in der Tat zum bevorzugten Treffpunkt von Desperados aus aller Herren Länder werden. Die bessere Wahl?

Epilog: Aus dem Desaster lernen

20 Jahre Krieg in Afghanistan – wozu? Hat er das Leben der Afghanen verbessert, sie in die Freiheit geführt, die Frauen zumal? Die Welt sicherer gemacht? Auffallend ist die große Kluft zwischen der politisch-medialen Darstellung des Krieges, dem offiziell die edelsten Motive neben der Terrorbekämpfung zugrunde lagen, und erfahrbarer Realität. Hunderttausende Tote, Witwen, Waisen, Invaliden, seelisch Versehrte, Millionen Hoffnungslose. In der hiesigen Wahrnehmung finden sie kaum statt. Wo doch, gelten sie vorwiegend als Opfer der Taliban.

Wenn die maßgeblichen globalen Akteure beschließen, Krieg zu führen, ganz gleich gegen wen, so greifen die hinlänglich bekannten propagandistischen Mechanismen an der Heimatfront. Gut gegen böse, wir gegen die, Freiheit oder Totalitarismus, präventive Notwehr, Aufklärung versus Mittelalter, Terror!, unsere Werte verteidigen und dergleichen mehr. Nicht zu vergessen die Frauenrechte, der rhetorische Dampfhammer schlechthin zur Eigenlegitimation im Afghanistan-Krieg.

Aus Sicht einfacher Afghanen allerdings dürfte der einzige Unterschied zwischen der sowjetischen und der US-geführten NATO-Besatzung darin bestehen, dass die Sowjets in kürzerer Zeit mindestens doppelt so viele Menschen getötet haben. Insoweit waren «wir» deutlich humaner, das ist ein Fortschritt, immerhin. Doch mögen die Afghanen, die in die Freiheit zu führen das westliche Militärbündnis weder Kosten noch Mühen gescheut hat, deswegen nicht auf die Idee kommen, das Freiheitsversprechen misszuverstehen und sich als Flüchtlinge vor den befestigten Toren Europas einzureihen. Auf der Suche nach einem besseren Leben, auch als Ergebnis der Verheerungen im «Krieg gegen den Terror» in gleich mehreren islamischen Ländern. In dem Fall haben sie wenig zu erwarten.

Die Deutsche Gesellschaft für Auswärtige Politik (DGAP), ein überwiegend aus öffentlichen Mitteln geförderter Think-Tank zum Thema Außenpolitik, ist neben der Stiftung Wissenschaft und Politik (SWP) der wohl wichtigste Impulsgeber außenpolitischer Entscheider in Berlin. Im September 2021 legte sie eine Studie vor: «Smarte Souveränität. Wie die neue Bundesregierung Deutschlands und Europas Handlungsfähigkeit stärken und internationale Gestaltungskraft zurückgewinnen kann». Das Thema Afghanistan kommt auf den 104 Seiten gerade einmal in zwei Absätzen vor, die nahezu dasselbe besagen. Der eine lautet: «Die Afghanistankrise hat illustriert, welche Schwierigkeiten die Bundesregierung damit hat, Krisen zu antizipieren, für sie zu planen und sie bestmöglich zu bewältigen. Während wichtige Informationen zur Lageentwicklung in Afghanistan durch Botschaftsberichte und geheimdienstliche Informationen vorlagen, konnte nicht sichergestellt werden, dass diese verknüpft sowie inhaltlich und politisch angemessen bewertet wurden. Die notwendige Abstimmung und Entscheidung unter den relevanten Ministerien, Nachrichtendiensten und schließlich auch dem Krisenstab des Auswärtigen Amtes gelangen nur unzureichend.» Letztendlich also hat lediglich die Rohrpost nicht funktioniert, deswegen ist da leider einiges schiefgelaufen.

Das Thema Afghanistan ist offenbar politisch längst eingepreist, abgehakt. Was bleibt, ist die Justierung von Stellschrauben im Klein-Klein bürokratischer Abläufe. Nirgendwo Ansätze einer kritischen Selbstbefragung, wozu es nach 20 Jahren eines sinnlosen Bundeswehr-Einsatzes am Hindukusch allen Anlass gäbe. Die NATO hat soeben ihren bislang längsten Krieg verloren, fernab der eigenen Landesgrenzen zumal. Das sollte eigentlich Stoff genug sein für ein gründliches Nachdenken – jenseits von bloßer Rhetorik.

Einmal angenommen, die USA und ihre Verbündeten hätten die mehr als acht Billionen US-Dollar, die der imperiale Feldzug seit 9/11 mindestens gekostet hat, in konstruktive Bahnen gelenkt. Etwa die Bekämpfung des Klimawandels oder die Reduzierung des Wirtschaftsgefälles zu Ungunsten des globalen Südens. Wäre es in dem Fall besser oder schlechter bestellt, um die Zukunft der Menschheit? Derlei Fragen allerdings gehen von falschen Prämissen aus. Nicht zuletzt der Annahme, den maßgeblichen Akteuren einer auf Expansion und Wachstum angelegten neoliberalen Wirtschaftsordnung, in der ein Prozent der Weltbevölkerung über die Hälfte des weltweiten Vermögens verfügt, ginge es um das Wohlergehen der Menschheit. Globalisierung bedeutet auch Wettkampf um Ressourcen und Verkehrswege sowie die militärische Absicherung der eigenen Vormachtstellung. Dergleichen Interessenslagen werden allerdings selten offen benannt, geschweige denn infrage gestellt, schon gar nicht öffentlich. Die stattdessen verwendete Sprachregelung beruft sich auf «Werte». Das klingt gut, umschreibt oft genug aber lediglich die Anwendung oder Androhung militärischer Gewalt.

Kriege kennen viele Verlierer, aber auch einige Gewinner, allen voran den «militärisch-industriellen Komplex». Der Begriff stammt von US-Präsident Dwight Eisenhower. Drei Monate nach seiner Amtsübernahme, im April 1953, hielt er eine Rede, die später unter der Überschrift «Chance für den Frieden» bekannt wurde. Darin heißt es:

«Jede ausgelieferte Kanone, jedes vom Stapel gelaufene

Kriegsschiff, jede abgefeuerte Rakete bedeutet in letzter Konsequenz Diebstahl an jenen, die hungern und nichts zu essen bekommen, die frieren und keine Kleidung haben. Diese Welt in Waffen verbraucht nicht allein Geld. Sie verbraucht gleichermaßen auf den Schweiß ihrer Arbeiter, den Genius ihrer Wissenschaftler, die Hoffnungen ihrer Kinder.»

Man darf vermuten, dass sich Eisenhowers bemerkenswerte Einlassungen, die heute im Ruch einer naiven Friedensträumerei stünden, unmittelbarer Kriegserfahrung verdanken. Die USA waren Kriegspartei im Korea-Krieg 1950/51, der Zweite Weltkrieg war fast noch zum Greifen gegenwärtig. Das macht demütig. Immerhin hatte der Fünf-Sterne-General Eisenhower 1944 die Landung der Alliierten in der Normandie befehligt.

Doch heute ist die Gefechtslage eine ganz andere. Was fehlt, auch in Deutschland, ist die Erziehung zum Frieden. Angefangen damit, die Welt auch einmal aus der Perspektive der anderen Seite zu sehen. Sich in sie hineinzuversetzen. Der Perspektivwechsel ist Voraussetzung jeder Friedensfähigkeit. Frieden ergibt sich nicht von selbst, er ist ein hohes Gut, ohne ihn ist alles nichts. Es gibt aber in Deutschland längst keine gesellschaftlich relevante Kraft mehr, die der Friedensbewahrung eine vergleichbare Priorität wie etwa der Eindämmung des Klimawandels einräumen würde. Politiker vom Schlage Willy Brandts oder Egon Bahrs, die genau das geleistet haben, die Erinnerung an den Zweiten Weltkrieg buchstäblich in den Knochen, würden in der Gegenwart als «Putin-» oder «China-Versteher» belächelt und aussortiert werden.

Die Erinnerung an die damalige Katastrophe spielt für heutige Entscheider keine Rolle mehr, jenseits einer ritualisierten Erinnerungskultur. Quer durch die Parteien, auch in den Medien, dominieren die Scharfmacher, die lieber für «mehr Druck» auf die Gegenseite plädieren, für noch mehr

Sanktionen, nötigenfalls auch einen Militäreinsatz für die Freiheit. Denn die Gegenseite verstehe nichts anderes als die Sprache der Macht, sie nutze jede Schwäche zur Spaltung der Wertegemeinschaft. Warum also mit Russland oder China mehr als nötig kommunizieren? Wieso den Interessensausgleich mit autoritären Herrschern suchen? Sie sind doch diejenigen, die Freiheit und Frieden bedrohen. Mit solchen Verächtern unserer Demokratie nach Ausgleich streben? Das wäre Appeasement. Weshalb auch sollten sich die Guten mit den Bösen gemein machen?

Künftige Kriege werden nicht mehr in *shithole countries* geführt werden – es sei denn als Stellvertreterkrieg wie in Syrien. Stattdessen wächst die Gefahr einer direkten militärischen Konfrontation der USA mit Russland und China. Hiesige Mandatsträger sehen offenbar keinen Anlass, diesbezüglich klare Signale in Richtung Washington zu senden: Da machen wir nicht mit.

Die Alternative ist nicht politische Naivität im Umgang mit Moskau und Peking. Was aber spricht gegen einen Dialog auf Augenhöhe? Warum setzen die Vertreter transatlantischer Netzwerke nicht auf Deeskalation, unterbreiten sie keine Vorschläge zur politischen und militärischen Entspannung? Geschweige denn zu deren Umsetzung?

Was fehlt ist ein Denken in größeren historischen und analytischen Zusammenhängen, beseelt vom Streben nach Frieden und Gerechtigkeit auf globaler Ebene. 20 Jahre «Krieg gegen den Terror» – und niemand übernimmt Verantwortung. Nicht für das systemische Versagen, nicht für die zahllosen Verbrechen wider die Menschlichkeit, nicht für den umfassenden Machtmissbrauch keineswegs erst seit 2001. Nirgendwo Demut, kein Innehalten, keinerlei Entschuldigung bei den Opfern westlicher Interventionen auf allen Kontinenten.

Die USA seien eine «gestörte Weltmacht», getragen von

einem «überzüchteten Nationalismus, ausufernden Verlustängsten und des Phantasmas totaler Sicherheit», so der Historiker und Politologe Bernd Greiner. Es gibt keinerlei Veranlassung, den Amerikanern auf diesem Weg zu folgen, wie der 15. August 2021 einmal mehr unterstreicht. Stattdessen bedarf es einer grundlegenden Zäsur. Werden wir endlich souverän, entsagen wir den falschen Propheten, setzen wir uns mit derselben Entschlossenheit für den Frieden ein, wie es etwa «Fridays for Future» im Kampf gegen den Klimawandel längst tut. Verweigern wir uns denen, die Kriege führen (wollen), und denen, die weiterhin auf ein ungebremstes, umweltzerstörendes wirtschaftliches Wachstum setzen. Es handelt sich dabei um die beiden Seiten derselben Medaille.

Anmerkungen

Hinweis: Es sind nur solche Quellen aufgeführt, die strittige Themen berühren (könnten). Trennungszeichen bei Internet-Angaben sind nicht gesetzt.

1 Zit. nach William Maley (Hg.): Fundamentalism Reborn? Afghanistan And The Taliban, London 1998, S. 91.
2 Vgl. Michael Lüders: Die den Sturm ernten. Wie der Westen Syrien ins Chaos stürzte, München 2017, S. 73ff.
3 Vgl. Der Spiegel, 31. August 2015: «We Thought the Americans Would Overreact». Interview mit Michael Steiner; https://www.spiegel.de/international/germany/sept-11-and-spying-through-the-eyes-of-ex-schroeder-advisor-a-1050674.html.
4 Vgl. Brown University: Costs of the 20-year war on terror: $ 8 trillion and 900,000 deaths, 1. September 2021; https://www.brown.edu/news/2021-09-01/costsofwar
5 Vgl. etwa Michael N. Schmitt (Hg.): The War in Afghanistan: A Legal Analysis, Naval War College, Newport 2009.
6 Vgl. Lawrence Wright: Der Tod wird euch finden. Al-Qaida und der Weg zum 11. September, München 2007, S. 508f.
7 Vgl. https://www.kas.de/c/document_library/get_file?uuid=355ab02e-6954-21b8-620a-db76c9334fa6&groupId=252038.
8 Vgl. The New York Times, 23. August 2021: Did the War in Afghanistan Have to Happen?; https://www.nytimes.com/2021/08/23/world/middleeast/afghanistan-taliban-deal-united-states.html.
9 Vgl. Human Rights Watch, 6. Juli 2021: How US-Funded Abuses Led to Failure in Afghanistan; https://www.hrw.org/news/2021/07/06/how-us-funded-abuses-led-failure-afghanistan.
10 Vgl. https://watson.brown.edu/costsofwar/costs/human/civilians/afghan.
11 Vgl. https://www.americanprogress.org/issues/security/news/2009/10/26/6734/profiles-of-afghan-power-brokers/.
12 Vgl. Human Rights Watch, 6. Juli 2021, a. a. O.

13 Vgl. https://reliefweb.int/report/afghanistan/transcript-press-conference-srsg-afghanistan-lakhdar-brahimi.

14 Vgl. The Intercept, 26. August 2021: A War's Epitaph. For Two Decades, Americans Told One Lie After Another About What They Were Doing in Afghanistan; https://theintercept.com/2021/08/26/afghanistan-america-failures/.

15 Vgl. Ebenda.

16 Vgl. The New York Times, 28. April 2013: With Bags of Cash, C. I. A. Seeks Influence in Afghanistan; https://www.nytimes.com/2013/04/29/world/asia/cia-delivers-cash-to-afghan-leaders-office.html.

17 Vgl. The Intercept, 26. August 2021, a. a. O.

18 Vgl. https://www.unodc.org/documents/crop-monitoring/Afghanistan/20210503_Executive_summary_Opium_Survey_2020_SMALL.pdf.

19 Vgl. https://carnegieendowment.org/2020/07/07/kabul-to-dubai-pipeline-lessons-learned-from-kabul-bank-scandal-pub-82189.

20 Vgl. etwa: Der Spiegel, 26. November 2009: Luftangriff auf Tanklaster. Protokoll der Alptraumnacht von Kunduz; https://www.spiegel.de/politik/ausland/luftangriff-auf-tanklaster-protokoll-der-alptraumnacht-von-kunduz-a-663681.html, den Wikipedia-Artikel «Luftangriff bei Kundus» und Andreas Fischer-Lescano/Steffen Kommer: Der Luftangriff bei Kunduz. Völker- und verfassungsrechtliche Fragen, Zentrum für Europäische Rechtspolitik, Universität Bremen, ZERP-Arbeitspapier 4/2011.

21 Vgl. https://www.jura.uni-hamburg.de/media/ueber-die-fakultaet/personen/mapping/kundus-einstellungsvermerk.pdf.

22 Alle Angaben und Zitate gemäß «Afghanistan Papers».

23 Vgl. Aljazeera, 1. September 2021: Biden, Ghani did not foresee Taliban takeover in their last call; https://www.aljazeera.com/news/2021/9/1/the-last-call-between-biden-ghani-before-the-fall-of-kabul.

24 Vgl. CNN, 1. September 2021: Taliban members escorted Americans to gates at Kabul airport in secret arrangement with US; https://edition.cnn.com/2021/08/31/politics/taliban-escorted-american-kabul-airport/index.html.

25 Vgl. The New York Times, 29. Mai 2012: Secret ‹Kill List› Proves a Test of Obama's Principles and Will; https://www.nytimes.com/2012/05/29/world/obamas-leadership-in-war-on-al-qaeda.html.

26 Zu den Hintergründen des Falls Daniel Hale und zu seinem Gerichtsverfahren vgl. https://www.commondreams.org/news/2021/07/23/pre-sentencing-letter-drone-whistleblower-daniel-hale-says-crisis-conscience.

27 Nachzulesen hier: https://theintercept.com/drone-papers/. Vgl. auch: https://theintercept.com/collections/drone-wars/.

28 Vgl. https://data.worldbank.org/indicator/SH.DYN.MORT?locati ons=AF.

29 Vgl. https://thediplomat.com/2018/10/is-water-scarcity-a-bigger-threat-than-the-taliban-in-afghanistan/.

30 Vgl. https://www.esmap.org/sites/default/files/resources-document/ACS.pdf.

31 Vgl. https://www.unicef.org/afghanistan/education.

32 Vgl. https://wikileaks.org/wiki/CIA_report_into_shoring_up_Afghan_war_support_in_Western_Europe,_11_Mar_2010.

33 Vgl. The Intercept, 18. Dezember 2020: The CIA's Afghan Death Squads; https://theintercept.com/2020/12/18/afghanistan-cia-mili tia-01-strike-force/.

34 Vgl. The Intercept, 26. August 2021: Seven Months In, Avril Haines Shows No Appetite For Investigating CIA War Crimes; https://theintercept.com/2021/08/26/afghanistan-cia-war-crimes/.

35 Zit. nach Emran Feroz: Der längste Krieg. 20 Jahre *War On Terror*, Frankfurt/Main 2021, S. 122.

36 Vgl. etwa Aljazeera, 27. September 2021: ICC prosecutor leaves US forces out of new Afghanistan probe; https://www.aljazeera.com/news/2021/9/27/icc-prosecutor-targets-taliban-isis-k-in-afghanis tan-probe und Deutsche Welle, 27. September 2021: Weltstrafgerichtshof will in Afghanistan ermitteln; https://www.dw.com/de/weltstrafgerichtshof-will-in-afghanistan-ermitteln/a-59327945.

37 Vgl. The Intercept, 5. Oktober 2021: The CIA's Afghan Proxies, Accused Of War Crimes, Will Get A Fresh Start In The U.S.; https://theintercept.com/2021/10/05/zero-units-cia-afghanistan-taliban/.

USBEKISTAN
Dushanbe
TADSCHIKISTAN
VR CHINA
Ashgabad
Merv
Amu Darya
TURKMENISTAN
Wüste
Dasht-e Leili
Mazar-e Sharif
Kunduz
Faizabad
Baghlan
Kunduz
Hindukusch
Mashhad
Grenze nach
pakist.-chin. Abkommen
von 1963
Gilgit-
Baltistan
Aksai-
Chin
Salang-Pass
BAMIAN
Bagram
KUNAR
Khyber-Pass
Bamian
Kabul
Jalalabad
Akora
Khattak
Abbottobad
Herat
WARDAK
NANGARHAR
Peshawar
Jammu und
Kaschmir
(de facto Indien, von
Pakistan beansprucht)
Indus
GHAZNI
Ghazni
Islamabad
KHOST
AFGHANISTAN
KHYBER
PAKHTUNKHWA
(Khyber
Paschtunenregion)
IRAN
Farah
Farah
Kandahar
Lahore
KANDAHAR
HELMAND
Wüste
Registan
Quetta
Multan
Hilmend
PAKISTAN
Delhi
Indus
BELUTSCHISTAN
INDIEN
Durand-Linie 1893
Verbreitung der Paschtunen
0
100
200
300 km
Karachi